"乡村振兴 品牌强农"丛书

主编/秦伟　陆志荣

苏州水八仙良作良方

SUZHOU SHUIBAXIAN
LIANGZUO LIANGFANG

苏州大学出版社
Soochow University Press

编委会名单

主　编

秦　伟　陆志荣

副主编

李庆魁

编　委

秦　伟　陆志荣　王　芳
鲍忠洲　张　翔　张风雷
施赞红

序

苏州美丽富饶，自古就有鱼米之乡的美誉。这里不仅有小桥流水人家的美景和小家碧玉、江南闺秀，而且粮食丰富、美食繁多。来到苏州，必定不能错过"苏州水八仙"，它们是江南的土产，苏州的名片。

"苏州水八仙"指的是茭白、莲藕、荸荠、慈姑、水芹、芡实（鸡头米）、莼菜和菱等8种地方传统水生蔬菜，它们鲜美可口，营养丰富，被称为水中"八鲜"。春天的茭白，夏日的莼菜、莲藕，秋季的红菱、鸡头米，冬季的荸荠、慈姑和水芹，苏州人讲究一时一物，不时不食。一年中，"水八仙"前后可以在苏州热热闹闹大半年。

自古以来，苏州就是我国"水八仙"的重要产区和原产地。历史上，"苏州水八仙"不但造福人民，也是文人墨客笔下的赞美对象，有明代《吴邑志》为证，也有"莼鲈之思"这样妇孺皆知的乡思典故为证。直至20世纪80年代前，苏州仍是国内苏芡的唯一产区；两

熟茭白、四角水红菱、太湖莼菜、莲藕等也原产于苏州，栽培历史长达两三千年。新中国成立后，苏州在"水八仙"种质资源收集、保存、利用，以及栽培、育种、植保、土肥等方面开展了大量工作，业绩辉煌。如制定出台20多项"水八仙"省、市地方标准，获得各级各类"水八仙"科研成果30多项，成功选育的"水八仙"优良品种纷纷被各地引种，芡实、水芹杂交育种成为国内首创，等等。

近年来，苏州市委、市政府始终坚持"品牌就是生产力、竞争力、软实力"的理念，坚持走品牌引领、融合发展、绿色生态、安全高效的现代农业发展道路，推动苏州农业从品牌大市向品牌强市升级。2019年，苏州市农业农村局启动"苏州水八仙"区域公用品牌建设，围绕"苏州水八仙"的发展需要，科学布局、培优扶强，打造不同层次、不同区域的"苏州水八仙"区域公用品牌集群。这既传承了苏州"鱼米之乡"的美誉，实现了对苏州特色农业产业发展以及农耕文化的发扬，更有效助推了全市农村变美、农业增效、农民增收。

《苏州水八仙良作良方》挖掘、记录了"苏州水八仙"的历史和特点，归纳、总结了"苏州水八仙"的功效和作用，继承、发扬了"苏州水八仙"的良种和良作，希望此书能对"苏州水八仙"的未来发展做出一定贡献，提供一定帮助。

编者

2021年2月

目 录

总论 …………………………………………（001）

第一篇 "苏州水八仙"的历史渊源…………（003）

　　一、"苏州水八仙"的由来 …………………（003）
　　二、"苏州水八仙"的种类 …………………（004）
　　三、"苏州水八仙"的特色 …………………（007）

第二篇 "苏州水八仙"的良种良作…………（031）

　　一、芡实 ……………………………………（031）
　　二、莼菜 ……………………………………（041）
　　三、菱 ………………………………………（053）
　　四、茭白 ……………………………………（064）

五、莲 …………………………………………（082）

六、荸荠 ………………………………………（105）

七、慈姑 ………………………………………（119）

八、水芹 ………………………………………（128）

第三篇 "苏州水八仙"的生产标准…………（138）

一、芡实机械破壳加工操作规范………………（138）

二、水芹生产技术规程…………………………（144）

三、水红菱生产技术规程………………………（151）

第四篇 "苏州水八仙"的药用疗效…………（159）

一、芡实 …………………………………………（159）

二、莼菜 …………………………………………（161）

三、菱 ……………………………………………（163）

四、茭白 …………………………………………（165）

五、莲藕 …………………………………………（166）

六、荸荠 …………………………………………（170）

七、慈姑 …………………………………………（173）

八、水芹 …………………………………………（175）

第五篇 "苏州水八仙"的美食制作……（177）

一、芡实 …………………………………（177）

二、莼菜 …………………………………（179）

三、菱 ……………………………………（182）

四、茭白 …………………………………（184）

五、莲藕 …………………………………（187）

六、荸荠 …………………………………（192）

七、慈姑 …………………………………（194）

八、水芹 …………………………………（196）

后记 ……………………………………（197）

总论

苏州地处太湖流域，水网密布，土质肥沃，当地水生蔬菜的种类数量和品种质量国内领先，且由于栽培历史悠久，栽培技术独特，而成为全国水生蔬菜的重要产区。苏州传统水生蔬菜有茭白、莲藕、荸荠、慈姑、水芹、芡实、莼菜和菱等8个种类，其大多以新鲜产品上市，用于冬春和夏季填补蔬菜市场缺口，又有丰富的营养价值和滋补作用，被农民称为水中"八鲜"。20世纪70年代末，有人依其谐音将"水八鲜"改为"水八仙"。随着生产的发展，为了区别于其他地区，确立苏州"水八仙"的地位，最终正式规范对外统称"苏州水八仙"。

新中国成立以来，通过优选优种、技术创新，"苏州水八仙"创造出了辉煌的业绩。自1978年以来，苏州分别开展了芡实、水芹、菱的杂交育种以及芡实、茭白等的辐射育种，大大丰富了"苏州水八仙"的种质资源，促进了"苏州水八仙"的推广。"小蜡台""中蜡台""白种茭白""中熟花藕""慢荷藕""苏州黄慈姑""紫花苏芡""太湖莼菜""石湖水红菱"等纷纷被各地引种，早、中、晚熟配套的两熟茭系列尤其被各地青睐，花藕、慢荷和蜡台茭、吴江茭等优良品种被湖北和浙江等地科研单位引进，并作为亲本材料培育出新的品种，"苏州黄慈姑"被引进后成为当地的主栽品种。与此同时，苏州还先后引进、试种和推广了"桂林马蹄""浙江梭子茭""浙茭"系列（两熟茭）、"金茭"系列（一熟茭）、"鄂莲"系列（菜藕）、"鄂子莲"系列以及"建莲"系列（子莲）等优良品种，进一步丰富了"苏州水八仙"的种质资源。

栽培技术方面，苏州地区开展了大量栽培、植保、土肥等科技攻关。在集成传统栽培技术的基础上，总结、推广了茭白高产栽培、莲藕节约用种、莼菜人工栽培、晚茬慈姑栽培、慈姑黑粉病防治等技术，创新了"芡实—水芹"一年两茬、"冬种茭白""水面浮栽水芹套养泥鳅"等新模式，制定了多项"水八仙"省、市地方标准，深入研究、探讨了"苏州水八仙"深加工技术，并多次派出科技人员和农民技术员到外地指导种植，获各类科研成果15项、各级奖励20多项。科技的创新创造、成果的示范推广为"苏州水八仙"的生产和发展开辟了新的道路。

第一篇 "苏州水八仙"的历史渊源

一、"苏州水八仙"的由来

目前我国水生蔬菜共分 13 个种类：茭白、莲藕、荸荠、慈姑、水芹、芡实、莼菜、菱、芋、豆瓣菜、蕹菜、蒲菜及芦蒿。

"苏州水八仙"的称谓起于 20 世纪 70 年代末，苏州传统水生蔬菜有茭白、莲藕、荸荠、慈姑、水芹、芡实、莼菜和菱等 8 个种类，其大多以新鲜产品上市，用于冬春和夏季填补蔬菜市场缺口，又有丰富的营养价值和滋补作用，被农民称为水中"八鲜"。1979 年冬，苏州市旱生蔬菜遭遇严重冻害，郊区政府组织干部和科技人员下到娄葑乡，组织水生蔬菜上市。当时，水生蔬菜种植村均有自己种植的优势作物和品种，真可谓"八仙过海，各显神通"，因此，有人提出何不将水中"八鲜"称作"水八仙"，这个建议得到了大家的一致认可，这就是"苏州水八仙"称谓的最早来源。1992 年，为宣传和介绍苏州的水生蔬菜，苏州市郊区人民政府办公室宋建华同志在《上海蔬菜》上发表《苏州市的水生蔬菜》一文，正式起用"水八仙"这一称谓。由于"水八仙"的称谓既形象，又吉利，又顺口，这一亮丽的名称很快就在省内外广为传播。与此同时，一些外地乡镇也开始将本地的水生蔬菜称为"水八仙"，并仿效苏州办起了"水八仙"专业合作社。

随着生产的发展，苏州地区水生蔬菜的种类也在不断引进、开发，豆瓣菜、蕹菜生产已初具规模，芋和芦蒿已在旱生蔬菜产区种植，云南建水草芽（蒲菜）也有引进，因此，"苏州水八仙"实际上也代表了广义上的苏州水生蔬菜。

此外，苏州地区还有一些野生水生蔬菜，如荍儿菜、水芦笋、四叶菜等，这些

菜在一些农家乐饭店可以品尝到。

二、"苏州水八仙"的种类

(一) 芡实

芡实,俗称"芡""鸡头米""鸡嘴莲"等,是睡莲科芡属一年生大型水生草本植物,原产东亚,水面栽培,性喜温暖,不耐霜冻和干旱。在我国主要分布于黄河以南,特别是长江流域和珠江流域的湖塘、沟渠等地。

我国是芡实的原产地之一,栽培历史悠久。北魏末年(533—544),杰出农学家贾思勰所著的一部综合性农学著作《齐民要术》中就有"种芡法"的记载。早在明朝初期,苏州芡实就已经有了绿壳粳性和黄壳糯性的品种之分,它们分别与刺芡和紫花苏芡性状相对应。"南荡鸡头"一直沿用至今,闻名遐迩。据《古今图书集成·草木典》记载,鸡头"实大而甘,植荡田中。北过苏州,南逾嘉兴,皆给于此"。直到20世纪80年代,苏州仍是国内苏芡的唯一产地。

(二) 莼菜

莼菜为睡莲科莼属多年生宿根水生草本植物。又名"蓴菜""水葵""马蹄草""水莲"等,是我国珍稀蔬菜之一,深受消费者喜爱。

中国是莼菜的原产地之一。成书至今已有2500多年历史的《诗经》(《鲁颂·泮水》)中即有关于莼菜的记载。成语"莼鲈之思"则出自《晋书·张翰传》。我国莼菜栽培主要分布在浙江、江苏、湖北、四川等省,形成了江苏太湖,浙江杭州西湖、萧山湘湖,湖北利川福宝山高山湖等四大产区。苏州莼菜栽培历史悠久,南宋范成大《吴郡志》、明朝邹斯盛《太湖采莼并引》和清朝金友理《太湖备考》等典籍中均有记载。太湖莼菜是苏州地区特有的水生蔬菜品种,享有"水中碧螺春"的美誉,是"苏州水八仙"之一,主要集中在东山镇种植。

（三）菱

菱，古名为"芰"，别名"水栗""沙角"，为菱科菱属一年生蔓生浮叶草本水生蔬菜。中国是其原产地之一，栽培历史悠久，江淮流域及其以南各地均有分布，以太湖流域和珠三角地区为多，苏州的著名品种为水红菱。

明清时期菱的普遍种植也促进了菱品种的培育，苏州府就出现了多个以产地命名的优良品种，如邵伯菱、顾窑荡菱、娄县菱、白菱等。这些品种特别适合原产地的生态条件，品质好、风味佳，曾名盛一时。

（四）茭白

茭白为禾本科菰属多年生宿根水生草本植物，别名"菰""茭瓜""茭笋""茭首""茭白笋""茭荀""菰手""篙笋"等，古时称"蒋草""雕胡"。茭白的花茎由于菰黑粉菌侵入并分泌激素而膨大成纺锤形的肉质茎，这是茭白植株中可供食用的部分。茭白因肉质白、茎似笋，甜嫩可口，故称"茭白"。将其叶鞘剥去，净留的可食用部分通称"茭肉"或"玉子"。

茭白原产中国，由同种植物菰演变而来，至今已有3000多年历史。菰开花结的子古称"菰米"，在古代中国被作为谷物食用，《周礼·天官·膳夫》将其与稻、黍、稷、粱、麦并列为六谷，在作为粮食时，称为"雕胡"。公元前3世纪—公元前2世纪菰开始向茭白演变，茭白作为蔬菜的最早记载出现在《尔雅》中。苏州的茭白栽培最早可追溯到隋朝，唐朝时已被作为贡品，宋朝以后发展迅速。茭白是中国的特产蔬菜，在中国栽培地区极为广泛，南至台湾、北至黑龙江均有分布，但以长江下游江浙的太湖流域苏州、无锡、杭州一带栽培最盛，而且都是以双季茭白为主。

（五）莲藕

莲为睡莲科莲属多年生宿根性草本水生植物，古名"荷"，别名"芙蕖""芙蓉""水华""水芙蓉"等。莲藕作为莲的根状茎,是我国栽培历史最悠久、种植最广泛的水生蔬菜,南起海南、北至河北均有种植,以长江流域及华南为主产区。

我国莲藕栽培大体可以追溯到距今3000多年前的西周时期,《周礼·地岌》有关于莲藕栽培的记载。长沙马王堆汉墓出土文物中有莲藕菜肴的记述,说明我国在距今2000多年前已经开始食用莲藕。苏州莲藕栽培的历史十分悠久,2500年前,吴王夫差曾在太湖之滨木渎灵岩山上的离宫修建玩花池,种植荷花供宠妃西施欣赏。

(六)荸荠

荸荠是莎草科荸荠属多年生草本蔬菜,古称"凫茈",别名"马蹄""地栗""乌芋"。荸荠广泛栽培于我国长江流域及其以南各省,如广西桂林、浙江余杭、江苏高邮和苏州、福建福州、湖北孝感和团风沙洋等地均为著名的荸荠产区。

荸荠原产于我国南方和印度。我国最早记载荸荠的文献可以追溯至2000多年前的《尔雅》。荸荠的驯化栽培则比较晚,关于荸荠栽培的最早记载见于两宋之际的古籍——南宋嘉泰元年(1201)浙江《吴兴志》。苏州荸荠的人工栽培始于明朝之前,《姑苏志》《吴门表隐》中均有记载。

(七)慈姑

慈姑为泽泻科慈姑属中能形成球茎的栽培种,多年生草本植物,水生类蔬菜,别称"茨菰""剪刀草""燕尾草""白地栗""芽菇"等。主要分布在长江中下游、华南及西南地区,是当地人民喜爱的一种根茎类水生蔬菜。

慈姑原产于中国。最早的著录可见于晋嵇含(263—306)所撰《南方草木状》,称其为"茨菰"。慈姑在宋代开始驯化,由野生逐渐转为栽培,明代以后在南方地区广泛栽培。苏州慈姑栽培始于明代,清朝《苏州府志》《吴县志》和《甫里志》中均有关于慈姑的记载,《洞庭东山物产考》中有关于慈姑种植经验的记载。

（八）水芹

水芹是伞形花科水芹属多年生宿根草本水生类蔬菜，别名"水英""蒲芹""楚葵""蜀芹"和"野芹菜"等。我国长江流域以南省份均有种植，其中以江苏最多，浙江、湖北、安徽、江西和广东种植面积较大。

水芹原产于中国和东南亚地区，上古时期的先民们已开始采集食用。成书于2500多年前的《诗经》（《鲁颂·泮水》）中就已有关于水芹的记载。在《吕氏春秋·本味篇》中，水芹已被当作美食用来招待客人。苏州人工种植水芹的确切起始时间不详。在关于苏州的方志资料中，明朝开始有关于水芹的记载，苏州长洲县（今吴中）已有《芹诗》出现，《姑苏志》《吴邑志》中亦有相关记载。

三、"苏州水八仙"的特色

（一）芡实

1. 植物学特性

芡实为睡莲科芡属一年生水生草本植物。沉水叶箭形或椭圆肾形，浮水叶革质，椭圆肾形至圆形，叶柄及花梗粗壮，花内面紫色；萼片披针形，花瓣紫红色、矩圆披针形或披针形，浆果球形，污紫红色，种子球形，黑色。7—8月开花，8—9月结果。

2. 形态特征

（1）根　芡实的根有初生根、不定根和次生根。初生根很不发达，次生根结构简单，芡实的根系主要由不定根组成，为须根，白色，长可达80~130厘米，横径0.4~0.8厘米，簇生于叶柄基部。根初生时为白色，老时会逐渐变成褐色。

（2）茎　芡实的茎为短缩茎，节间密集，倒圆锥形，紫红色。中央部分组织紧密，外围组织疏松，呈海绵状，中有气管，往下与根系相通，往上与叶、花、果相通。最大的短缩茎的高度和直径可达15厘米以上。

（3）叶　芡实的叶从短缩茎的鳞片叶由外向内环茎陆续抽生，呈三角螺旋状上升。芡实的叶按照抽生时间不同，分为水中叶和浮叶。水中叶为过渡叶，共7张左右。浮叶为完全叶，共18张左右，叶片巨大，直径达1.5~3米，叶面油绿色，有皱褶，并有尖状突起，叶背紫红色，着生暗褐色细刺。芡实生长期间，新叶不断长大，覆盖老叶，先抽生的叶片陆续枯死，全株保留完全叶4~5张。

（4）花　芡实的花单生，萼片4片，花呈紫色或白色，雄蕊多轮排列，花粉由外向内逐渐退化，为多室子房，每一子房具多枚胚珠，自花或异花授粉，花凋谢后，花萼宿存，随着花托弯入水中，发育成果实。

（5）果实和种子　果实为圆球形浆果，直径在10厘米左右，花萼宿存于果实顶端，呈尖嘴状，整个果实形似鸡头，果实表皮黄绿色，密生绒毛。果形大，一般重0.5千克左右，内有多室，种子100~300粒。种子呈圆形，直径1.0~1.5厘米，百粒重150克以上，有较厚的假种皮。

3. 生长环境

芡实喜温暖、阳光充足，不耐寒也不耐旱。生长适宜温度为20~30℃，水深30~90厘米。适宜在水面不宽，水流动性小，水源充足，能调节水位高低，便于排灌的池塘、水库、湖泊和大湖湖边生长。要求土壤肥沃，含有机质多。芡实种子在15℃以上萌芽，20~30℃最适于营养器官生长和开花结果，能耐35℃左右的高温。种子在休眠期能耐1~5℃低温。芡实生长对水位有一定的要求，幼苗期水深宜在10~20厘米，以后水深宜逐渐增加到70~90厘米，最深不宜超过1米，水位不宜猛涨暴落。如遇风害掀翻叶片，应及时将叶片掀回原处，避免损伤叶片。

4. 主栽品种

目前南芡（苏芡）的主要品种有：传统地方品种，如"紫花芡""白花芡"

等；杂交选育品种，如"红花芡""姑苏芡1号""姑苏芡2号""姑苏芡3号""姑苏芡4号"等。

（1）紫花芡　成熟早。生长势中等，叶径1.5~2.5米。花瓣紫色，花萼外侧青绿色，内侧紫红色。果重400克以上，平均单果种子125粒，重250克，亩产干芡米25千克左右。8月中下旬采收，10月上旬采收结束。

（2）白花芡　成熟晚。生长势中等，叶径2~2.9米。花瓣白色，花萼外侧青绿色，内侧白色。果重480克以上，平均单果种子109粒，重252克，亩产干芡米20千克左右。8月底至9月上旬采收，10月中旬采收结束。

（3）红花芡　杂交选育品种。成熟早。叶径1.5~2.5米。花瓣鲜红色，花萼外侧青绿色，内侧鲜红色。单株结果数多，果重400克以上，平均单果种子85粒，重200克，亩产干芡米25千克左右。8月中下旬采收，10月上旬采收结束。

（4）"姑苏芡1号""姑苏芡2号""姑苏芡3号""姑苏芡4号"为苏州市蔬菜研究所选育的杂交优良品种，熟性中等，生长势强，抗病性强。果大，粒大，单果重550克以上，平均单果种子有139粒左右，重320克左右，亩产干芡米25~30千克。

（二）莼菜

1. 植物学特性

莼菜，又名"蒓菜""马蹄菜""湖菜"等，是多年生水生宿根草本植物。性喜温暖，适宜于清水池生长。由地下匍匐茎萌发须根和叶片，并发出4~6个分枝，形成丛生状水中茎，再生分枝。深绿色椭圆形叶子互生，长6~10厘米，每节1~2片，浮生在水面或潜在水中，嫩茎和叶背有胶状透明物质。夏季抽生花茎，开暗红色小花。

2. 形态特征

（1）根　莼菜的根为须根，白色，被污泥污染后呈黑褐色，分布于叶柄基部茎节的两侧，各生1束。水中茎抽生时亦于基部两侧各生1束须根，老熟水中茎基部各节也有须根。莼菜的根一般长15~20厘米，主要分布于10~15厘米的浅土层中或近地的水中茎上。

（2）茎　莼菜的茎分为地下根状匍匐茎、短缩茎和水中茎等3种。地下根状匍匐茎细长，黄白色，长达1米以上，节间长10~15厘米，茎粗0.5厘米左右，每节生有叶片。叶腋间长出短缩茎，并形成4~6根丛生状水中茎。水中茎纤细，密生褐色茸毛，长度为60~100厘米，节间长3~10厘米，粗0.25~0.4厘米，节部凸出。

（3）叶　莼菜的叶片互生，初生叶卷曲，柄短，外有胶质包裹，是主要产品器官，老熟叶片则因纤毛脱落而失去胶质，人们不再食用。成叶有细长叶柄，一般长25~40厘米，粗0.2厘米左右。叶片浮于水面，椭圆形盾状，一般纵径5~12厘米，横径3~6厘米，全缘，叶表面绿色，背面紫红色，叶脉从中心向外呈放射状排列，有12~16条。

（4）花　莼菜的花梗自叶胶抽出，绿色，后转黄色，梗长5~15厘米；有柔毛。花露出水面，花径2~2.5厘米。花瓣有淡红色和紫红色两种。

（5）果实和种子　莼菜的果实群伴有宿萼，革质；花萼长1.3厘米，宽0.5厘米。果实卵形，绿色，不开裂，长约1.1厘米，基部狭窄，顶部有宿存花柱。内有种子1~2粒，卵圆形，淡黄色。

3. 生长环境

莼菜对生长环境要求很高，其性喜温和，生长的水质要纯净无污染，一旦水质受污染，则难以生存。因此，莼菜的分布范围相对较窄，适宜生长在江南的池塘或浅水湖泊沿岸，不能施用化学肥料和农药，是一种绿色蔬菜。

（三）菱

1. 植物学特性

菱是菱科菱属一年生浮水水生草本植物。着生水底，水中泥根呈细铁丝状，同化根，叶二型：叶互生，聚生于主茎或分枝茎的顶端，叶片菱圆形或三角状菱圆形，表面深亮绿色，背面灰褐色或绿色，沉水叶小，早落。花单生于叶腋，两性；花盘鸡冠状。果三角状菱形，表面具淡灰色长毛，腰角位置无刺角，果喙不明显，内具1白色种子。5—10月开花，7—11月结果。

2. 形态特征

（1）根　菱根为次生根，分为弓形幼根、土中根和水中根等3种。种菱萌发后，在发芽茎上抽生胚根。胚根基部较粗，尖端逐渐变细，弯曲成弓形，并从上生出须根多条。在靠近土壤的茎节上长出丛生不定根，长达数十厘米，扎入土中吸收养分，即土中根。在菱茎的各个节上还会生成叶状根，即水中根，它含有一定的叶绿素，参与光合作用和吸收水中养分。

（2）茎　菱茎分发芽茎、水中茎和短缩茎等3种。菱种子萌发先长出的茎即为发芽茎，长10厘米左右。主茎蔓生，细长，生长迅速，随水位上升，长度可达3~4米，即为水中茎。主茎和分枝长到水面后节间缩短、密集，形成短缩茎。出水叶片在茎上轮生，形成盘状叶簇，俗称"菱盘"，为光合作用的主要器官。菱盘一般由25~40张功能叶片组成，直径25~45厘米。

（3）叶　菱叶分为初生叶、过渡叶和定型叶等3种。初生叶狭长，先端2~3裂或全缘，无叶柄。随后水中茎节上着生过渡叶，狭长形，先端2~3裂，上部渐宽，基部楔形，接近水面时，逐渐变为长菱形，上部缺刻增多。叶片出水后成为定型叶，亦称"功能叶"。功能叶菱形至三角形，长和宽各5~9厘米，面有光泽，角质层发达。叶背淡绿色，密被短绒毛。叶柄长5~13厘米，中部膨大呈纺锤形，组织疏松，内贮空气，称为"浮器"，可将叶片稳定浮于水面。

（4）花　菱的花较小，白色，成对着生于菱盘的部分叶腋中，自下而上依次发生，隔数叶着生1朵。花两性，白色或粉红色。花出水面开放1~2天，授粉受精后没入水中。开花时间多在傍晚或凌晨。

（5）果实和种子　菱的果实称"菱角"，一般具有 2~4 个角，亦有无角菱。菱的角由花萼发育而成，形态因品种而异，平伸、上翘或下弯。有的品种则退化，仅存遗痕。外果皮薄而柔软，有绿色、白绿色、鲜红色、紫红色等多种颜色。内果皮革质，幼时较软，老熟时坚硬。菱角既是食用产品，亦是繁殖器官。

3. 生长环境

菱喜温暖湿润、阳光充足，不耐霜冻，从播种至采收约需 5 个月，结果期长达 1~2 个月，因此无霜期在 6 个月以上地区才能获得丰产。开花结果期要求白天温度在 20~30℃，夜温在 15℃。

4. 主栽品种

（1）水红菱　菱盘开展度在 30~40 厘米，菱采收期叶片数为 35~45 片，浮于水面健叶 30 片左右。叶片长 6 厘米，宽 7.5 厘米，菱形，青绿色，叶柄紫红色，叶背及茎褐红色，叶缘齿形，柄长 20 厘米，柄粗 0.6 厘米；浮器粗 1.2 厘米。果实鲜红色，4 个角，顶角长 1 厘米，腰角长 1.5 厘米，扁尖；果高 2.5 厘米，宽 3 厘米，长 4.1 厘米，单果重 20 克，每盘菱结果 6~8 只。果壳较薄，而果肉质地较脆嫩、水分多、微甜，宜生食。较早熟，不耐深水。亩产 600 千克左右。

（2）大青菱　又名"懒婆菱""无锡菱"。菱盘开展度在 40 厘米以上，叶片排列较密，菱采收期叶片数为 50 片以上，浮于水面健叶 30 多片。叶片长 7 厘米，宽 9.5 厘米，菱形，深绿色，叶柄长 15~18 厘米，柄粗 0.7 厘米；浮器较大，近圆形，直径 1.5 厘米。果实深绿色，4 个角，顶角长约 0.8 厘米，腰角扁尖约长 12 厘米，稍向下弯曲；果高 3.1 厘米，宽 2.8 厘米，长 4.3 厘米，单果重 25 克，每盘结果 10 多个。果壳较薄，而果肉质地较糯，味美，生熟食均可，以熟食为主。中熟，较耐深水。亩产 750 千克左右。

（3）馄饨菱　又名"元宝菱"。菱盘开展度在35厘米，菱采收期叶片数为40片，浮于水面健叶30片左右。叶片长5.5厘米，宽8厘米，菱形，淡绿色，叶缘有齿形浅缺刻，叶柄长22厘米，粗5.5厘米；浮器扁圆，纵径13厘米，横径1厘米。果实4个角，顶角长1厘米，稍向下弯，腰角0.5厘米，角细尖果长形，中心两边突出，形似馄饨；果高2厘米，厚2厘米，宽3.8厘米。嫩菱皮白绿色，单果重17克。果肉水分少，熟食粉质，味佳。中熟，较耐深水。亩产600千克左右。

（4）和尚菱　又名"无角菱"。菱盘开展度约40厘米，菱采收期叶片数为40片，浮于水面健叶30多片。叶片长6厘米，宽9.5厘米，菱形，淡绿色，叶缘齿形，叶顶端稍尖。果实半圆形，无角或稍有微突的两角或四角，一侧较平，一侧突起；果高2.5厘米，宽4厘米，厚2厘米，单果重14克，每盘结果6~8只，果壳较薄。嫩菱皮淡绿色，水分多、质脆、味稍甜，可生食；老菱皮黄白色，熟食质粉、味香。中早熟。亩产500千克左右。

（5）大老乌菱　又名"风菱""扒菱""两角菱"，属深水菱，菱盘开展度50厘米。叶片长6.5厘米，宽9厘米，菱形，绿色，叶缘有齿缺，叶柄长25厘米，粗0.7厘米；浮器近椭圆形，直径1.9厘米，长22厘米。果实较大，高3厘米，厚2.5厘米，宽4~4.5厘米，两角下弯，长1.8厘米，单果重25克，每盘结果6~8只。嫩果皮青绿色，成熟后贮藏中皮呈黑色，老熟后熟食或加工制粉，味佳。晚熟。亩产750千克左右。

（四）茭白

1. 植物学特性

茭白是禾本科菰属多年生浅水草本植物，具匍匐根状茎。秆高大直立，高1~2米。叶舌膜质，长约1.5厘米，顶端尖；叶片扁平宽大，长50~90厘米，宽15~30毫米。圆锥花序长30~50厘米，分枝多数簇生，上升，果期开展。颖果圆柱形，长约12毫米，胚小型，为果体之1/8。

2. 形态特征

（1）根　为须根系，较发达，主要分布在短缩茎的分蘖节和根状茎节上。新根白色，老熟后转为黄褐色。一般根长20~70厘米，粗1.2~2.0厘米。

（2）茎　茎分为短缩茎、根状茎和肉质茎等3种。短缩茎俗称"薹管"，由隔年春季的茭白和分蘖芽形成。主薹管坚硬，青棕色或褐色，上有茎节，节间短缩，基部粗2厘米左右，深入土中达20~30厘米。侧薹由分蘖芽发育而成，细而短。分蘖芽贴生在各薹管的茎节上，一般每节1个芽，互生。分蘖芽春季萌发后在地上部形成新单株，并生须根。每个新单株从夏到秋又不断发生分蘖，多达10~20个。这些分蘖形成的新株从，俗称"茭墩"。

根状茎由短缩茎上的腋芽萌发形成，又称"匍匐茎"。粗1~3厘米，具8~20节，节部有叶状鳞片、芽和须根。匍匐茎顶端分枝芽在春季萌发向上生长，能产生新的分枝，即称"游茭"。

肉质茎。短缩茎长到10节以上时，条件适宜，茎端受菰黑粉菌所分泌的激素刺激膨大，形成肉质茎，即茭白或茭肉。茭肉一般有4节，顶端尖细，下部肥大呈纺锤状，长12~20厘米不等，最长可达30厘米。不同品种的茭白，肉质茎的形状、大小、颜色、光洁度、紧密度都有差异。

（3）叶　叶由叶片和叶鞘组成。大叶片长100~150厘米，宽2~3厘米。叶鞘肥厚，长40~60厘米，各叶叶鞘自地面向上左右相抱形成假茎。在叶片和叶鞘的交点有白色带形斑，俗称"茭白眼"。当倒三叶叶片茭白眼相重叠，即为茭白采收标准。

（4）花和果实　茭白一般不开花结实，但若栽培管理或选种不当，植株有可能不被菰黑粉菌侵入，而正常拔节生长、抽穗、开花，所结种子脱壳后称为"茭米"

或"菰米"。习惯上将不结茭也不开花结实的植株称为"雄茭"。湖、塘、沟边长期不管理而开花结实的野茭白被称为"茭草"。

3. 生长环境

茭白性喜温暖湿润，不耐严寒、高温和干旱。原为短日照植物，茭白必须在日照转短后才能抽生花茎和孕茭，目前栽培的一熟茭品种仍保留了短日照植物的特性，而两熟茭品种对日照反应不敏感。茭白的生长适宜温度为 15~25℃，5℃以下时地上部分枯死，地下部分可以在土壤中越冬。

茭白生长需要的耕作层厚度在 20 厘米以上，有机质丰富且保肥保水能力比较强，以黏质土为宜，利于茭白深栽且不发青。早熟品种深栽易烂根，土壤以底土坚实的沤田为宜。茭白为浅水植物，生长期不能缺水，休眠期也需要保持土壤充分湿润。

4. 主栽品种

（1）秋种两熟茭

① 大头青种。苏州地方品种。极早熟。夏茭株高 140~150 厘米，秋茭株高 180~190 厘米。叶片披针形，叶色深绿。茭肉短，其中第一节较大；茭肉圆形，先端呈宝塔顶螺旋状卷曲，叶鞘未开裂时部分肉即变青，故名"大头青"。单肉重 50 克左右，茭肉纤维多品质差。薹管较高，较耐涝，耐贫瘠。苏州地区秋茭于 10 月初开始上市，收获期 30 天左右，亩产水壳 600~750 千克；夏茭于 5 月初开始上市，收获期近 20 天，亩产水壳 1500~1750 千克。

② 两头早。又名"小甩梢"，苏州地方品种。早熟。夏茭株高 140~150 厘米，秋茭株高 240~260 厘米。叶片长披针形，叶色深绿。茭肉长 18~20 厘米，圆形略扁，皮色白中带黄，皮质较粗糙；肉 4 节，上部 2 节侧端有小乳状突起，基部易松软变空，迟收获叶鞘易开裂，俗称"开门""甩梢"，使茭肉变青。单茭肉重 50 克

左右。由于该品种茭白夏、秋两季上市均较早,故名"两头早"。苏州地区秋茭于9月下旬开始上市,收获期30天左右,亩产水壳750千克;夏茭于5月上旬开始上市,收获期25天左右,亩产水壳2000千克。

③ 小蜡台。苏州地方品种。早熟。夏茭株高130~150厘米,秋茭株高200~220厘米。叶片长披针形,叶色深绿。茭肉长15~18厘米,短圆形,皮色洁白,光滑;茭肉由4节组成,顶部呈螺旋状,上部2节变粗鼓凸,并呈斜面,像燃烧中的蜡烛,故名"小蜡台"。单肉重40~50克;其肉质细嫩紧实,品质好。该品种分蘖中等,分枝性强,游茭多。苏州地区秋茭9月底开始上市,收获期30天左右,亩产水壳1000千克;夏茭于5月上旬开始上市,收获期20~25天,亩产水壳2000~2500千克。

④ 葑红早。20世纪80年代,由苏州市蔬菜研究所从市郊娄乡红村茭农芦林元田中选出的变异株,经多年选育而成。该品种具有"两头早"和"小蜡台"的早熟性,具有茭肉长度长以及"小蜡台"肉质光滑、洁白、品质好的优点。夏茭株高140~150厘米,秋茭株高240~260厘米。叶片长披针形,叶色深绿。茭肉长18~20厘米,无螺旋状顶,表皮光滑;单肉重50克左右。叶鞘不易开裂。苏州地区秋茭于9月底开始上市,收获期30天左右,亩产水壳750千克;夏茭于5月上旬开始上市,收获期20~25天,亩产水壳2000千克。

⑤ 中蜡台。苏州地方品种。中熟。夏茭株高150厘米,秋茭株高230~250厘米。叶片长披针形,叶色深绿。茭肉长18~19厘米,圆形,皮色洁白,光滑,形状同"小蜡台",但体形较大,肉质致密,品质好;单茭肉重50~60克。该品种分蘖力较强,分枝性强,游茭多。苏州地区秋茭10月上旬开始上市,收获期25天左右,亩产水壳1000千克;夏茭于5月中旬开始上市,收获期25~30天,亩产水壳2000~2500千克。

⑥中秋茭。苏州地方品种。中熟。夏茭株高140厘米左右,秋茭株高230～240厘米。叶片长披针形,叶色深绿。茭肉长22～25厘米,肉细长,带扁形,第一、第二节特长,先端细长,略弯曲,皮色洁白,光滑,肉质较松软,不易折断,故亦称"棉条茭"。肉重60克左右。叶鞘不开裂,茭白不易变青。该品种分蘖性强,采收期集中。秋茭9月底开始上市,收获期30天左右,亩产水壳750～1000千克左右;夏茭于5月中旬上市,收获期25天左右,亩产水壳3000～3500千克。

⑦杨梅茭。苏州地方品种。中熟。夏茭株高215厘米左右。管2～3节,长6厘米。叶片长披针形,叶色深绿。茭肉长21厘米,粗3.3厘米,圆柱形,皮色白温中等。苏州地区秋茭10月上旬开始上市,收获期25天左右,亩产水壳1000千克左右;夏茭于5月中旬开始上市,收获期25天左右,亩产水壳2000～2500千克。

⑧大蜡台。苏州地方品种。中晚熟。夏茭株高140～150厘米,秋茭株高240～260厘米。叶片披针形,叶色深绿。茭肉长20～25厘米,较长且粗,椭圆柱形,先端2节较长,呈螺旋状,形同"中蜡台"。皮色洁白,光滑。单茭肉重60～70克,肉质致密,品质好。该品种分枝少。苏州地区秋茭10月中旬开始上市,收获期25天左右,水壳1000千克;夏茭5月下旬开始上市,收获期25天左右,亩产水壳2500千克左右。

⑨吴江茭。亦名"吴家茭"苏州地方品种。晚熟。夏茭株高180厘米,有管。叶片披针形,叶色绿。茭肉形状分短形和长形两种,前者短而圆,鸭蛋形,顶尖,长13厘米左右;后者杼子形,较长,长17厘米左右。茭肉及皮色均洁白,光滑,肉质细腻、紧实,品质佳。单茭肉重50克左右。叶鞘一侧开裂时茭白不易变青,出肉率偏低。该品种分蘖性强,分株性差。苏州地区秋茭10月中旬开始上市,收获期40天左右,亩产水壳1000千克左右;夏茭于5月下旬开始上市,收获期25～30天,后期不易"打光"(采净),亩产水壳2500千克以上。

⑩ 梭子茭。20世纪90年代，苏州市郊娄葑乡茭农从浙江省引进，现为主栽品种之一。晚熟。夏茭株高180厘米左右，秋茭株高190厘米左右。叶片长披针形，色深绿。该品种为双季茭，茭肉大而肥胖，中间大、两头尖，形似织布梭子，故又名为"梭子茭"。肉质细腻、洁白，品质佳。现栽培的品种有"白壳半大种"和"紫壳大种"。前者外壳叶鞘一侧有成片的紫红色，另一侧有青点，茭肉顶部尖，长20厘米左右，中部直径5厘米，重100克左右；后者外壳叶鞘一侧有成片的紫红色，另一侧有深色紫点，茭肉顶端弯曲，长23厘米左右，中部直径5厘米，重150~200克。分蘖力强。苏州地区秋茭于10月中旬开始上市，亩产水壳1000千克左右；夏茭于5月下旬至6月中旬上市，但不易采收净，产量不稳定，一般亩产水壳2000千克左右。

（2）春种两熟茭

① 刘潭茭。引自无锡市郊黄巷乡刘潭庄前村。夏、秋兼用型，夏茭株高200厘米左右，秋茭株高220厘米。有1~2节管，株形较松散。叶片披针形，叶色淡绿。茭肉长20~30厘米，皮色淡黄，质坚实，上段皮皱粗糙，顶端弯曲；单茭肉重70~80克。该品种为密蘖型，分枝性较强，游茭多。苏州地区秋茭9月中旬开始上市，收获期40天，亩产水壳2000千克左右；夏茭于5月底开始上市，收获期30天，亩产水壳2500千克左右。

② 广益茭。引自无锡市郊广益乡黄泥头村。夏、秋兼用型，夏茭株高170~180厘米，秋茭株高185~190厘米。无明显薹管，植株较紧凑。叶剑形直立，叶色浓绿。茭肉长20~25厘米，皮白，有细皱线，顶部弯曲，单茭肉重60~70克。该品种分蘖性强，分枝性差，游茭少。苏州地区秋茭9月中旬开始上市，收获期30天，亩产水壳2500千克左右；夏茭于5月上旬开始上市，收获期40~50天，亩产水壳2000千克左右。此外，在苏州地区亦有人将其作一熟茭栽培。

(3) 一熟茭

① 青种。苏州地方品种。早熟。株高230厘米以上，有2~3节管。叶片长披针形，叶色深绿。茭肉长19厘米左右，较光滑，略呈扁圆形，肉色易变青，单茭肉重55克左右。该品种分蘖力弱。苏州地区9月初开始上市，收获期25~30天，亩产水壳650~750千克。

② 白种。苏州地方品种。中熟。株高230厘米左右，有2~3节管。叶片长披针形，叶色青绿。茭肉长17厘米，皮光滑，呈扁圆形，肉色白，质嫩，品质佳；茭肉重45克左右。该品种分蘖力弱。苏州地区9月上旬开始上市，收获期20天左右，亩产水壳750~850千克。

③ 群力种。苏州地方品种。早熟。植株高大，株高240厘米，管3节，节间较长。叶片长披针形，叶色深绿。肉长20厘米左右，单茭肉重60克左右。苏州地区9月初开始上市，收获期30天，亩产水壳1000千克以上。

④ 寒头茭。苏州地方品种，分布在常熟琴南乡一带。中晚熟。株高230厘米左右，管不明显。叶片长披针形，叶色青绿。茭肉长15~16厘米，皮色带黄，第一、第二节较长，第三、第四节短而细，上部有较多小乳头状突起，单茭肉重50克左右。该品种分蘖力中等。苏州地区9月中旬开始上市，收获期15天左右，亩产水壳700千克左右。

⑤ 十月白。苏州地方品种，分布在东山太湖沿岸及围垦地。晚熟。株高240厘米左右，管3节。叶片长披针形，叶色青绿。茭肉长25厘米，粗4厘米，呈长圆柱形，表皮光滑，茭肉色洁白，质嫩，品质佳；肉重60克左右。亩产水壳700千克左右。

⑥ 秋玉茭。20世纪90年代自安徽引进。中熟。株高210厘米左右，有2~3节管。叶片长披针形，叶色青绿。茭肉长11厘米，粗3.5厘米，短圆锥形，表皮光

滑,肉色白,有光泽,质嫩,品质佳;荬肉重50克左右。该品种分蘖力弱。苏州地区9月上中旬开始上市,收获期20天左右,亩产水壳750~850千克。

(五)莲藕

1. 植物学特性

莲藕属于睡莲科莲属多年水生草本植物。根状茎(藕)横生,节间粗,有7~9个气腔,并有多数散生的维管束,在折断节间时螺纹导管和管胞的次生壁拉长而仍保持不断,成语"藕断丝连"就是指的这种情况。叶盾状圆形,叶脉从叶片中央辐状展出,叶柄有小刺。花直径10~20厘米,美丽,有香气;花瓣多数,粉红色、红色或白色。倒圆锥状的花托在果期膨大,海绵质。坚果长约2厘米。根状茎可食用,也可提制淀粉(藕粉);种子去掉种皮即是莲子,可食用或供制蜜饯、罐头等;莲的各部分大多可供药用。莲种子的寿命极长,在中国辽东半岛发现的古莲子的寿命已有1000余年,在适当条件下栽培仍可发芽、成长、开花。

2. 形态特征

(1)根 为须状不定根,主要起吸收营养、水分和固定植株的作用。须根着生在地下茎节四周,成束状,每节5~8束,每束有不定根7~25条,每条长10~15厘米。

(2)茎 莲藕的茎为地下茎,前期称为"莲鞭",在土中匍匐生长,分支蔓延。莲鞭一般粗2~3厘米,长20~50厘米,横切面上有4~5个通气孔。生长后期,莲鞭先端数节的节间明显膨大变粗,成为供食用的藕。藕一般分3~7节,每节长10~30厘米,粗4~15厘米,表皮白色或淡黄色。藕按照着生顺序分为主藕(又称"亲藕")、子藕和孙藕。

(3)叶 通称"荷叶",为大型单叶,从茎的各节向上抽生,具长柄。荷叶呈圆盾形,全缘稍呈波状,上被蜡粉,不沾水滴。叶背有粗大的叶脉从中心射出。叶片中心为叶脐,叶脉汇集于此与叶柄连接,也称为"叶鼻",是荷叶的通气孔,与叶柄及地下茎中的气道相通。荷叶有水中叶、浮叶和立叶等3种,立叶又有普通立叶、后栋叶和终止叶之分。

(4) 花 莲藕的花通称"荷花",着生于部分较大立叶的节位上,与立叶并生。花柄圆柱形,密布小刺;花瓣匙形,18~25枚,有红、黄、粉、白等色。

(5) 果实和种子 莲的果实通称"莲蓬",其中分散嵌生的莲子是真正的果实,属小坚果,内具种子1粒,自开花至种子成熟需30~40天。莲子去壳则为种子,由种皮、子叶和种胚组成。种皮极薄,颜色有红和白之分;子叶半圆形,基部合生,白色;种胚即"莲心",为绿色。

3. 生长环境

莲藕喜温暖湿润,不耐霜冻,耐旱。在茎叶生长发育期需要充足的阳光和高温,结藕期需要短日照以及较大的昼夜温差。因植株叶柄细长,叶片与地下根茎庞大,适合生长在风浪小、水流平缓,并且土层深厚松软、保水保肥能力强的低洼水田或湖荡。

4. 主栽品种

莲藕是我国栽培最广泛的水生蔬菜。莲藕按照利用价值不同,可以分为花莲、藕莲和子莲等3类,花莲主要供观赏用,藕莲和子莲分别主要采收藕和莲蓬。按照生长所需要的水深不同,可以分为深水藕和浅水藕;根据其成熟期早晚,则有早熟藕和中晚熟藕;根据莲藕淀粉含量的高低,还可以分为粉质莲藕和脆质莲藕,粉质莲藕适于煮食,脆质莲藕适于炒食。

(1) 藕莲(菜藕)

① 花藕。苏州地方品种。早熟。浅水田藕。叶片近圆形,直径65厘米左右,叶片薄,浅绿色,叶面手摸有粗糙感;叶柄最长165厘米。亲藕藕身一般有4节,

中段长20厘米,直径5~8厘米,粗细均匀;表皮黄白色,肉白色,横断面有大孔9个,小孔数个。亲藕上还可长出分枝,即子藕和少量孙藕。全藕一般重1.5~2.5千克。全生育期90天左右。生食甜嫩,水分多。根据其生育期长短和亲藕形状,花藕还分成早熟、中熟、晚熟等3个品系。其中早熟、中熟品系无花,晚熟品系开少量白花。苏州地区4月下旬露地种植,7月中下旬采收嫩藕。亩产800~1100千克。

②慢荷。苏州地方品种。中熟。适宜浅水田和中水湖栽植。叶片近圆形,直径80厘米左右,正反面都光滑;叶柄长160~180厘米。花白色,花瓣边缘及基部微紫红色,可结莲蓬和莲子。亲藕藕身可长4~5节,中段长26厘米,直径8~10厘米,表皮光滑,浅黄白色,肉白色,整藕重2.5~3千克。可生食或煮、炒。全生育期100天,耐肥,子藕、孙藕较多。苏州地区4月下旬露地种植,8月上中旬采收。亩产1000~1400千克。

③美人红。从江苏省宝应县引进。晚熟。深水藕。叶片圆形,直径70厘米左右,叶柄长150厘米,叶片与叶柄连接处有红环;荷梗在水中部分呈紫红色。花白色。亲藕藕身一般有4~5节,长圆筒形,横切面略呈方形,表皮米白色,肉白色,幼叶鞘鲜胭脂红色。生食、熟食均可,品质中等。单藕重2~2.5千克。4月下旬至5月上旬定植,8月下旬可以开始收嫩藕。亩产750千克。深水藕一般于10月开始采收,可一直采收到11月,亩产1200千克左右,高产者可达1500千克。

(2)子莲(莲蓬藕)

①鄂(子)莲1号。从湖北省水产科学研究所引进。该品种植株高大,生长势较强。叶面绿色,光滑,叶背灰绿色,有紫红色斑点;最大立叶叶径68厘米;叶柄高160厘米,粗1.5厘米,其上刚刺紫褐色(老叶青绿色),较细小。叶上花稍多于叶下花。老莲蓬扁圆形,底不平,莲子28粒左右,壳莲平均粒重1.53克。

藕小，主藕有2~3节，单支平均重373克。苏州地区4月中下旬定植，每亩种藕150~250支，5月中下旬始花，10月上中旬终花，壳莲采收期为7—10月。当年每亩可产鲜莲蓬2000只左右，或壳莲100~125千克，产新种藕1000~1500支。

② 鄂（子）莲2号。从湖北省水产科学研究所引进。该品种植株高大，生长势强，花多，花期长。叶面绿色，光滑，叶背灰绿色，有紫红色斑点；最大立叶叶径78厘米×64厘米，叶柄高190厘米，粗1.8厘米，其上刚刺浅紫红色（老叶青绿色），较粗大，箍棕褐色。花蕾卵形，上端偏尖，胭红色；花粉红色，叶下花稍多于叶上花。老莲蓬棕褐色，伞形，蓬面较圆，莲子37粒左右，莲壳黑褐色，卵圆形，平均粒重1.49克。藕小，主藕有2~3个较粗长的节间，单支均重468克，表皮黄白色。苏州地区4月中下旬定植，每亩种藕150~250支，5月中下旬始花，10月上中旬终花，壳莲采收期为7—10月，结实率75%以上。当年每亩可产鲜莲蓬2000~3000只或壳莲100~140千克，并产新种藕1000~1500支。

（3）籽、藕兼用莲

太湖红花莲。苏州地方品种。产于太湖浅滩及围垦地。晚熟。红花，中等大小，是观赏和采收新鲜莲蓬及菜藕的兼用品种。4月下旬种植，8—10月采收新鲜莲蓬，10月至翌年4月采收菜藕。莲蓬圆锥形，较小，蓬面平，有莲子6~19粒。莲子卵形，新鲜莲子深绿色，老熟灰棕色，百粒重12克左右，品质中等。菜藕色洁白，藕段4~5节，较长，粗4~5厘米，亩产500千克左右。

（六）荸荠

1. 植物学特性

荸荠是莎草科荸荠属植物。匍匐根状茎，形瘦长。秆多数，丛生，笔直，细长，圆柱状，高40~100厘米，直径2~3毫米，灰绿色，光滑。叶缺如，仅在秆的基部有2~3个叶鞘。花果期5—10月。主要分布于长江以南各省的水泽地区，以膨

大的地下球茎作蔬菜食用。俗称"马蹄",又称为"地栗""尾梨""红慈姑"等。荸荠皮色紫黑或红褐,肉质洁白,味甜多汁,清脆可口,自古有"地下雪梨"之美誉。荸荠果、蔬兼用,另外还可以加工成罐头、荸荠粉,甚至啤酒。荸荠还是一味良药,有清热止渴、温中益气、消食化痰、解毒等功效。

2. 形态特征

(1) 根　荸荠的根为须根,细长无根毛,着生于短缩茎的基部,主要集中在20~30厘米深的土层中。新根白色,后逐渐变为褐色。

(2) 茎　荸荠的茎分短缩茎、地上的叶状茎、地下的匍匐茎和球茎。短缩茎为荸荠球茎的顶芽萌发形成的茎。叶状茎即俗称的"荸荠秆",细长直立,管状中空,见光后转为绿色,代替叶片进行光合作用。叶状茎不断丛生分蘖,一株可分蘖30~40个,形成母株丛。匍匐茎为侧芽向四周土中抽生的茎,长至3~4节之后,可形成分株。球茎为植株停止分蘖分株后,匍匐茎的末端积累养分,膨大形成的扁球形肉质茎,即荸荠。

(3) 叶　荸荠的叶片退化,呈膜片状,褐色,不含叶绿素,环状着生于叶状茎的基部和匍匐茎、球茎的各节上,包裹着主芽球和侧芽,形成叶鞘或鳞片叶。

(4) 花和果　生长后期,在结荸荠的同时,地上顶芽可抽出形如叶状茎的花茎,顶端着生穗状花序,每朵小花结果实1个,果实近圆球形,极小,果皮革质,灰褐色,内有种子1粒,不易发芽。

3. 生长环境

荸荠喜欢高温湿润,不耐霜冻。因植株不高、也不耐深水,适合水层深3~15厘米、阳光充足的生态环境。宜在表土松软、底土坚实,耕作层不太深的土境中种植,便于匍匐茎伸长,增加分枝,球茎大小也均匀,方便掘取。若土壤过于黏重,则球茎瘦小,形状不整齐。荸荠在幼苗期要防止暴晒,分蘖、分株期需要较高温度和长日照；到球茎形成期，短日照和低温可使呼吸作用的消耗减少，以利于养分积累到贮藏器官中。秋冬季节天气干爽，日照较短，昼夜温差较大，是最适合荸荠球茎形成的时期。因此生产上为了获得高产，常将荸荠的播种育苗期安排在夏季，这样球茎形成期正好在秋冬季节。

4. 主栽品种

（1）苏荠　苏州地方品种，分布于苏州境内水网密布区，栽培历史悠久。株高80~110厘米。球茎4节，扁圆形，顶芽短直，脐部凹陷较深，皮薄，呈红褐色，肉白色。单个重15~20克，高2厘米，横径3厘米左右，口感脆嫩，品质好。抗病力较弱。生食、熟食皆宜，适于加工制作罐头，且耐贮运。产量略低，亩产750~1250千克。

（2）桂林马蹄　桂林市地方品种。球茎扁圆形，通常高2.4厘米，横径4厘米，单个重30克。顶芽粗壮，两侧芽常并立，故有"三支桅"之称。皮红褐色，肉白色，糖分较高，肉质爽脆、甘甜多汁，品质优良，以鲜食为主。抗倒伏能力强，耐贮运。亩产1500~2000千克。

（3）宣州大红袍　宣城市地方品种，栽培历史悠久。球茎扁圆形，通常高3厘米，横径5厘米，单个重30克。顶芽粗壮，脐平，皮薄、鲜红色，肉白色。渣少、味甜，品质好。亩产2000千克以上。

（4）余杭荠　杭州市地方品种。球茎扁圆形，顶芽粗直，脐平，皮薄、棕红色，单个重20克左右。味甜、渣少，适于鲜食和加工制作罐头，亩产1000~1200千克。

（七）慈姑

1. 植物学特性

慈姑为泽泻科多年生草本植物，生长在水田里，叶子像箭头，开白花。地下有球茎，黄白色或青白色，以球茎作蔬菜食用。挺水叶箭形，花葶直立，挺水，花序总状或圆锥状，瘦果倒卵形，具翅。种子褐色。花果期在5—10月。

2. 形态特性

（1）根　慈姑的根为须根系。自短缩茎基部发生，伞状分布，长30~40厘米，肉质，有细小分支，无根毛。一般扎根于土层下25~40厘米，具固定植株、吸肥、吸水之能力，亦可短期贮藏养分。

（2）茎　慈姑的茎可分为短缩茎、根状茎和球茎等3种。短缩茎生于地表，是植株的主茎，节向上抽生叶片1张，向下抽生须根。短缩茎上的腋芽可长成根状匍匐茎10余条。匍匐茎的顶芽可向上长出地面，发叶生根，成为分株，随着气温的下降，其顶芽向下，并逐渐膨大形成球茎。球茎因品种而异，多为球形、扁圆球形或卵球形等，一般纵径3~5厘米、横径3~4厘米，黄白色或青紫色，肉白色，顶芽稍弯曲。球茎贮藏大量养分，是主要食用器官和繁殖器官。

（3）叶　慈姑株高70~120厘米，主要由叶片大小决定。叶片箭形，叶长25~40厘米，宽10~20厘米，形如燕尾。叶柄长60~100厘米，圆柱形，内侧凹陷，中间海绵组织通气。全株功能叶4~7片，是制造养分的主要器官。

（4）花　慈姑多为无性繁殖，大田栽培较少开花。但某些品种在适宜的气候条件下，将有少数植株从叶腋抽生花梗花枝1~2枝。

（5）果实和种子　慈姑的果实为瘦果，扁平，斜侧呈卵形，有翼状，种子位于中部。慈姑种子有繁殖能力，但当年所结球茎较小，无生产价值。

3. 生长环境

慈姑性喜温暖湿润，不耐霜冻和干旱。要求土质疏松、肥沃、含有机质多的浅水环境。在植株茎叶生长期要求较长的日照、较高的温度和充足的阳光，但温度过高、种植过密时，易生黑粉病。慈姑球茎形成期需要短日照条件，在气候凉爽、日温较高、夜温较低、水层较浅时，有利于球茎形成和膨大。

4. 主栽品种

（1）苏州黄　又名"衣慈姑"。苏州地方品种，太湖地区种植，外地亦有引种。较晚熟。株高 90~110 厘米，开展度 80~90 厘米，叶丛生，叶片箭形，长 20 厘米，宽 22 厘米，浅绿色，叶柄长 80 厘米。球茎卵圆形，纵径 7 厘米，横径 5 厘米，略呈扁形，外皮黄色，肉呈黄白色。球茎上苞叶鞘（俗称"衣"）呈 3 道箍。顶芽粗、长、微弯、略扁。单株结球 11~15 个，单球重 30~50 克。植株生长势强，品质佳。球茎粉质，少苦味，味清香，耐贮藏，熟食菜用。亩产 600~1000 千克。

（2）侉老乌　又名"紫圆慈姑"。宝应县地方品种。中熟。株高 80~100 厘米。叶片箭形，尖端钝分，叶尾宽而短，长 38 厘米，宽 24 厘米，深绿色，叶柄长 70~80 厘米。球茎近圆形，纵径 4~5 厘米，横径 4~4.5 厘米，外皮呈青紫色，脐部黄白色，肉白色。球茎上苞叶鞘呈 1~2 道环箍。顶芽短而略弯。单株结球 12~15 个，单球重 30~40 克。植株生长势中等，球茎肉质紧密，稍粗，淀粉含量高，带苦味，宜熟食。亩产 750~1000 千克。

（3）沈荡　又名"浙江慈姑"。海盐县地方品种。晚熟。株高 100~130 厘米，开展度 60~70 厘米。叶片箭形，尤顶端急尖，长 17~19 厘米，宽 20 厘米，淡绿色。球茎卵圆形，近顶芽端稍细，纵径 5 厘米，横径 3.5 厘米，表皮和肉均为黄白色，单球重 30 克左右。球茎上苞叶鞘呈淡紫色。顶芽长 6 厘米。不耐寒，球茎淀粉含量高，无苦味，品质好，适宜秋种。亩产 750 千克左右。

（八）水芹

1. 植物学特性

水芹是伞形科水芹属多年生草本植物，茎直立或基部匍匐。基生叶有柄，柄长达 10 厘米，基部有叶鞘；叶片轮廓三角形，1~3 回羽状分裂，边缘有牙齿或圆齿

状锯齿。复伞形花序顶生,花瓣白色,倒卵形。果实近于四角状椭圆形或筒状长圆形,侧棱较背棱和中棱隆起,木栓质。花期在 6—7 月,果期在 8—9 月。水芹一般采用无性繁殖。可当蔬菜食用,其味鲜美,民间也作药用。

2. 形态特征

(1) 根 水芹的根为须根系。细而色白,多在地上茎基部和匍匐茎各节上环生,长 30~40 厘米,上有细小分支。

(2) 茎 水芹的茎分地上茎和地下茎两种。地上茎直立或斜向上生长,长 40~100 厘米,上部白绿色或白色,中空,无毛,老茎棱形。母茎各节均有腋芽,生产上将母茎横向排种于土面,其腋芽萌发向上长叶,向下生根,可形成新的植株。匍匐茎从地上茎的土表或以下节位处抽生,其顶芽萌发后转向地上部生长,形成分株。

(3) 叶 水芹的叶为奇数羽状复叶。成熟叶的大叶长 20 厘米,宽 12 厘米,有细小叶柄在茎上生。小叶尖卵形或广卵圆形,叶缘钝锯齿。叶多为绿色或黄绿色。叶柄细长,长 30 厘米左右,白绿色,基部短鞘状,包住茎部。

(4) 花 花序为疏松的复伞形花序。在茎上顶生或侧生,无总苞或有少数苞片。小苞片窄而短。花小,白色。花瓣和雄蕊各 5 枚,雌蕊 2 枚,花序外缘的小花花瓣通常增大,呈辐射状。

(5) 果实和种子 花后结双悬果,长卵圆形,略扁,绿色,成熟后由黄绿色转为褐色。每一单果内含种子 1 粒,大多发育不良,在常温条件下不能正常发芽,生产上不用种子繁殖。

3. 生长环境

水芹生长需要肥沃、松烂、有机质丰富的土壤。喜湿润、耐涝性强,生长需要较多的水分。水芹较耐寒而不喜热,适宜生长温度在 15~20℃,能耐 0℃ 以下的低温，高于25℃则生长缓慢甚至停止生长。一般生于低湿地、浅水沼泽、河流岸边，或生于水田中。

4. 主栽品种

（1）苏州圆叶芹　苏州地方品种。早熟。株高50~55厘米。二回羽状复叶，小叶卵形，近圆，长2厘米，宽1.5厘米，青绿色，叶缘有粗锯齿。叶柄长35~40厘米，上部绿色，中部白绿色，水中部分白色，基部粗壮。该品种适宜深栽软化栽培，经软化后的植株叶柄青白，品质好，食用率高。早熟栽培11月份上市，晚熟栽培于春节前后上市。一般亩产3000~3500千克，高产者5000千克以上。

（2）常熟小青芹　又名"小青种"。常熟市地方品种。中早熟。株高50厘米左右。二回羽状复叶，小叶卵圆形，较小，绿色，叶缘锯齿状，叶脉明显。叶柄长40厘米左右，茎和叶柄上部青绿色，水中部分绿色，茎中空。植株紧凑，生长快，抗冻能力强，经冰冻后叶色仍能保持绿色。该品种适宜较深的水层栽培。亩产3000~4000千克。

（3）常熟白芹　常熟市地方品种。早熟。株高45厘米左右。二回羽状复叶，小叶卵圆形，顶部尖，黄绿色，叶缘浅缺刻。叶柄长30厘米左右，白色。生长快，较耐热，采收早，纤维少，香味浓郁，品质佳。该品种适宜浅水栽培和早熟栽培。一般亩产4000千克左右。

（4）玉祁红芹　无锡市郊玉祁地方品种。耐寒、高产、优质，为苏州水芹的主栽品种。中熟。株高50~60厘米。二回羽状复叶，小叶卵形，长2厘米，宽1.5厘米，绿色，节间叶脉、叶缘和心叶呈紫红色，叶缘粗锯齿。叶柄长40厘米左右。抗冻性强，耐肥，嫩茎和软化叶鞘质地柔嫩，纤维少，味佳，产量高。该品种适宜冬季软化栽培，受冻后叶柄不易中空，抽薹较晚，春节前后上市。一般亩产4000~5000千克。

（5）溧阳白芹　常州市溧阳地方品种。中早熟。株高45~50厘米。二回羽状复叶，小叶卵圆形，顶部稍尖，青绿色，小嫩叶微黄。叶柄长30~104厘米，上部青绿色，下部洁白。根系较发达，较耐肥，抗寒性较差，香味浓，口感脆嫩、微甜。该品种适宜旱种，亦可水栽。一般旱地亩产2500~3000千克，水栽亩产4000~5000千克。

第二篇 "苏州水八仙"的良种良作

一、芡实

(一) 生长发育

一般可分为萌芽期、幼芽期、茎叶旺盛生长期、开花结果期和种子休眠期等5个时期。

1. 萌芽期(4月上旬至4月下旬)

当4月上旬平均气温达12℃时,芡实的种子开始催芽,至4月中旬气温上升至15℃时种子萌发,胚根、胚轴、胚芽及子叶基部先后通过种孔长出,即露白。此时要求将存种子的容器放在阳光下晒,并保持浅水5厘米左右,播种秧田时要轻放,不能搅浑水,以免影响出苗。播种后的水位以5~10厘米为宜。要防治鼠害。

2. 幼苗生长期(5月上旬至6月下旬)

此时气温回升较快,旬均温度在18~25℃,随后胚轴不断伸长,顶端形成短缩茎,其组织疏松呈海绵状。根系须状,白色。幼苗开始抽生线形叶、戟形叶、箭形叶和盾形叶。同时,叶面积逐渐增大,根系逐渐发达,数量和长度增加。其营养的来源从内源种子向外源叶片光合作用过渡。在生产上注意逐渐加深水位,清除心叶浮泥和杂草。

3. 茎叶旺盛生长期(7月上旬至10上旬)

此期旬均气温前期在27~29℃,植株茎叶生长进入高峰期,同时养分积累促进生殖生长;后期气温下降至20℃,茎叶生长减缓。生产上要注意适时追肥,并加深水位至30~50厘米。

4. 开花结果期（8月上旬至10月上旬）

此期旬均气温在29~20℃，植株每长一叶就要长一花，全面进入生殖生长期和产品收获期。生产上除加强追肥，促进茎叶生长积累养分外，还应注意水位适当和采收及时。一般水较浅时，结果早，果多而大；水深时，植株营养消耗多，结果晚，果少而小。考虑到便于采收，水位应控制在40厘米左右。

5. 种子休眠期（10月中旬至翌年3月下旬）

此时旬均气温由18℃下降至3℃，植株地上部分停止生长，直至茎叶枯黄，果实采收结束。留种种子放入编织袋里埋入深30厘米的淤泥中或浸泡在深水底，直到翌年开春播种。在生产时要注意种子防冻，防止天敌为害。

（二）栽培技术

1. 塘田安排

南芡大多利用湖边浅滩、沼泽低塘栽培，苏州地区以太湖围垦地为主，每年一茬，避免连作。栽培芡实应选择水位涨落平稳或灌排方便、风浪较小的湖塘和田块，水深超过1.5米即会使植株生长势减弱，产量下降，大风大浪将影响芡实扎根或易将叶片打碎。

苏州地区水田栽培芡实大多以茭白为前作，以席草、灯草为后作，如芡实→席草、灯草→秋茭→夏茭（两年四熟制），或芡实→席草、灯草→慈姑→早熟藕→秋茭→夏茭（三年六熟制），在利用大棚薄膜覆盖设施栽培时可以达到一年三熟，即早熟藕→芡实→水芹。

2. 栽培方式

芡实用种子繁殖。分直播和育苗移栽两种栽培方法。南芡因植株无刺，为延长其生育期，多采用育苗移栽法，精细栽培。

（1）直播　于4月上旬播种，每亩播种子1.5~2千克。方法有穴播、泥团点播和条播等多种。穴播应选水深 0.3 米的浅水湖荡，每隔 2.3~4 米见方挖一浅穴，每穴播种子 3~4 粒，覆盖泥土的厚度在 1 厘米左右，以保证齐苗。泥团点播多在深水且水生动物较多的湖荡进行，其方法是用潮泥将 3~4 粒种子裹成一团，然后点播。条播是在水面按 2.6~3.3 米行距直线撒播，一般每隔 0.7~1 米播 1 粒种子，要求落籽均匀。肥荡稀播，瘦荡密播。

（2）育苗移栽

① 催芽。4 月上旬气温转暖，将年前埋藏的种子取出洗净，用缸盆盛清水浸种（浸没种子），并日晒以提高水温，经 8~10 天换水、催芽，多数种子露白即可播种。

② 育苗。播种前先在空田里开一个 2 米见方、15 厘米深的育苗潭，去除青苔浮萍，整平潭底，并灌满水，待泥水澄清后再播种。一般于 4 月中旬播种，每平方米播籽 1 千克左右。播时要近水面轻撒，防止种子陷入烂泥中，影响出苗。

③ 移苗。播种后经 40 天左右，至 5 月中下旬，当幼苗有 2~3 张小叶时移苗。移苗田应选择避风向阳、灌排方便的水田，四周做高田埂，清除杂草，施入腐熟粪肥，并整平田底，灌水深 10~15 厘米。移苗时要带种子起苗，及时移栽。如移栽田远离秧田，则应将根上的泥土洗净，并将根系理好，放在木盆内，加盖遮阴，防止日晒。移栽苗的行株距为 50~60 厘米见方。移栽时要防止埋没心叶，影响发棵，待幼苗返青成活后，随着新叶的生长，逐步加深水位。定植前水深应接近定植大田（或池塘、湖滩）的水位，一般可加深到 30~50 厘米。每千克种子的秧苗可移栽 40~50 平方米。

④ 定植。6 月中下旬，当芡实秧苗长到 4 张圆叶，大叶直径 25 厘米左右时即可定植。定植前按 2.3 米左右见方的行株距开穴并浅栽，每亩 120~140 穴，每穴直径 1 米以上，深 15~20 厘米，呈锅底形。然后清除穴内杂草，增施基肥，一般用腐

熟有机肥或河泥，增施钾肥可提高产量和品质（外荡湖泊水位较深，施用基肥困难，多采用肥和土混合包裹幼苗根系，再定植于穴内）。开穴和施肥后仍需1~2天时间，使泥水澄清后再定植。定植方法同移栽苗，要随起苗随栽，并防止定植过深，泥土"窝心"，影响植株生长。

3. 田间管理

（1）防风　芡实幼苗不耐风浪袭击，故要在湖荡或大田（数十亩以上）四周栽种茭草，荡内每隔4~5行纵横各栽茭草1行，形成防风茭草围带。

（2）补苗　直播湖荡苗，水面叶片直径达10厘米左右时，要及时查苗，移密补稀。育苗移栽田要检查苗心是否被淤泥埋没，若有缺株，应立即补栽，确保全苗。

（3）壅土　随着植株的生长，广穴浅栽苗要逐步培泥壅根，保证芡苗心叶逐步上升和长新根时有泥土及充足的肥料，后期可将浅穴逐步培平。

（4）除草　栽后7~10天开始除草，并将杂草揉成团埋入泥中作肥料。7月底8月初以后，叶片开始封行，应停止除草。

（5）灌水　芡实是大型水生植物，需水量很大，因此生长期绝对不能断水。内塘芡实，定植后应保持浅水，一般在7~10厘米（穴内水深25~30厘米），成活后可加深水位到30~50厘米（穴内水深50厘米左右）。外荡湖滩因受湖水升降影响，最深可达1.5~2米，芡实仍能正常生长。但水大、浪大，叶柄、花梗伸长，养分消耗多，产量减少，而且采收困难。

（6）追肥　南芡不耐肥，如果氮肥过多，虽然叶色深绿、光亮，叶片大而肥厚，但易影响结果和加重各种病害发生，叶面易产生瘤状突起而发生叶瘤病。若叶片薄而发黄，新叶生长缓慢、皱纹密，植株生长不良，即为缺肥症状。芡实追肥多采用泥、肥混合成团的办法，俗称"粪搅泥"，即用腐熟人粪尿10~15桶（每桶约

25 千克重）分 2~3 次拌入 20 桶半干河泥中，每拌 1 次应堆放几天，使泥土充分吸收养分，待半干时再捏成泥团，每只重 0.5 千克左右。如在团中增加一些复合肥料，效果将更好。应离植株 10~15 厘米施肥，每株每次施肥 1 千克左右，从 7 月中旬开始到 8 月中旬植株封行为止，一般施肥 2~3 次。在植株生长盛期及封行后，叶面喷施 0.2% 磷酸二氢钾和 0.1% 硼酸混合液，可明显增加植株抗性和提高产量、质量。

4. 适时采收

南芡因植株少刺，多分期采收。一般在秧苗定植 60~70 天后，在 8 月下旬至 9 月上旬开始采收。若植株症状表现为心叶收缩，新叶生长缓慢，叶面直径明显缩小，不足 1 米，叶表平滑，水面出现双花，果柄发软，果皮发红而光滑，表明先期果实已经成熟，可陆续采收。正常植株可采收 10 次左右，多则 13 次。前两次采收间隔 7 天，2~3 次采收间隔 6 天，3~4 次采收间隔 5 天，之后一般隔 4 天采收 1 次，每次采 1~3 个果。从 8 月下旬至 10 月中旬，每株可收果实 18 只左右，其中 13 只左右完全成熟。根据果实的成熟程度，苏州芡农将种子分为"鸡黄""大担""小花衣""剥坯""大响壳"和"老粒" 6 个等级，一般"大担"用于鲜食，"剥坯"用于晒商品干芡米，"老粒"用来留种。采收时应先用竹刀将发黄的老叶划破，划去叶边，保留叶脉，开一条走道（并作为今后采收时的固定走道，以免过多损坏绿叶），然后下田采收。内塘采收多用竹箩，外荡采收则用木桶，一般拖在身后，一条走道采收左右两行，当摸到果柄变软的成熟果时即从水中拉出，用竹刀（刀口向上）自果实基部割下（注意不可将果柄割断，以免水从果柄切口进入植株，导致死亡），投入身后箩内或桶内。

5. 脱粒干燥

将采下的果实剥开果皮，取出种子。因假种皮含有单宁，衣服和手接触即会染上黑色，故须先将种子进行处理。一般将有假种皮的种子放在竹篓内，穿着鞋踩踏，使假种皮脱落，流出黄色水液，用水冲洗后，再踏1次，再冲洗1次，直至假种皮全部脱落，无黄水，种子由橘黄转微白时为止，再洗净。为减轻劳动强度，现在的芡农开始用洗衣机加工冲洗芡实。芡实种子在漂洗后，"大担"用铜指甲剥开，"剥坯"用钳子夹开种壳，而"老粒"则用刀劈开或钳子夹开。采用人工加工出的芡米破碎率低，商品性好。每5千克"剥坯"湿种子可剥出鲜芡米0.9~1千克，晒成干芡米0.5千克左右。剥出的鲜芡米要及时烘干晾晒，以防发酵、霉变。晒干的芡米要及时用聚乙烯薄膜或复合袋包装，以防受潮后发红变质，降低品质，甚至霉变。

（三）病虫防治

1. 病害

（1）芡实叶斑病

① 症状。又称"黑斑病""麸皮瘟"。发病初期芡叶外缘有许多暗绿色圆形病斑，后转为深褐色，有时具轮纹，一般直径在3~4毫米，最大可达8毫米，易腐烂。严重时病斑连片，使整片叶腐烂，潮湿时病斑上生鼠灰色霉层，即病原菌的子实体。

② 侵染途径和发病条件。以菌丝体或厚垣孢子在病残体上越冬。翌春产生分生孢子进行初侵染引起发病，出现中心病株则又产生分生孢子再侵染，造成全田发病。一般7月中旬至8月中旬受害重。凡是水温高、水质差的田块，发病就重。氮肥过多，生长过旺有利于发病。

③ 防治方法。

A. 重病地实行水旱轮作。

B. 做好田间清洁。在生长期和收获时摘除病残株叶，并作深埋或烧毁处理。

C. 加强肥水管理。施足腐熟有机肥或经酵素菌沤制的堆肥作基肥。看苗看田适量追肥，做到有机肥和化肥相结合，氮肥与磷钾肥相结合，或用磷酸二氢钾100倍液根外追肥，按芡实的不同生育阶段管好水层，做到深浅适宜，以水调温调肥，防止因水温过高或长期深灌水加重发病。

D. 发现病叶及时摘除，带出田外集中烧毁或深埃。再喷洒50%多菌灵可湿性粉剂加75%百菌清可湿性粉剂按2∶1混合稀释500~600倍液，或62.25%仙生可湿性粉剂600~800倍液，或25%敌力脱乳油1000~1500倍液，或20%"福·腈菌唑可湿性粉剂"2000倍液，或50%"甲基硫菌灵·硫黄悬浮剂"800倍液。每隔10天左右喷1次，连续防治2~3次。采收前7天停止用药。

(2) 芡实叶瘤病

① 症状。叶面初期病斑为淡黄绿色，后隆起膨大呈瘤状，直径4~50厘米，高2~10厘米。瘤的形状不规则，呈黄色，上有红斑或红条纹，后期开裂或腐烂，散发出大量黑褐色圆球形的冬孢子球。有瘤的叶片易下沉水底，对产量影响较大。

② 侵染途径和发病条件。以厚垣孢子团随病残体在土壤中越冬。翌年温度达18℃以上时厚垣孢子萌发产生担孢子，借气流、雨水、田水传播，侵染健叶引起发病，并可产生担孢子进行再侵染。7—8月雨水多，尤其是雷阵雨、暴风雨多，病害发生就重；偏施氮肥会加重病害的发生。

③ 防治方法。

A. 实行轮作。

B. 做好田间清洁卫生，收获后及时清除病残体。

C. 合理施肥，增施磷钾肥。在生长期可喷施0.2%磷酸二氢钾作根外追肥。

D. 在发病季节可叶面喷施70%甲基硫菌灵可湿性粉剂1000倍液，或50%多菌灵可湿性粉剂800倍液，或15%三唑酮可湿性粉剂600倍液，另加0.2%磷酸二氢

钾。每隔7~10天喷施1次,连续2~3次。

E. 发现病瘤及时割除,携出田外深埋,并对病株喷洒20%"福·腈菌唑可湿性粉剂"2000倍液,或10%世高水分散颗粒剂1500~2000倍液,或20%三唑酮乳油1000倍液。每隔5~7天喷1次,连续防治2次。

(3) 芡实炭疽病

① 症状。主要为害叶片,亦可侵害花梗。叶片上病斑圆形或近圆形,直径2~7毫米。病斑融合后形成不规则小斑块。病斑边缘褐色,中央淡褐色,具明显同心轮纹,其上生小黑点,即病原菌的分生孢子盘。严重时病斑密布,有的破裂或穿孔。花梗病斑呈纺锤形,褐色,稍凹陷。

② 侵染途径和发病条件。以菌丝体和分生孢子座在病残体上越冬。以分生孢子进行初侵染和再侵染,借气流或风雨传播蔓延。该病6—11月发生,8—10月受害重,发生普遍。高温多雨尤其是暴风雨频繁的年份或季节易发病。连作地或植株过密、通风透光性差的田块发病重。

③ 防治方法。

A. 加强肥水管理。在用肥上,施足基肥,适当追肥;在用水上,根据芡实的不同生育期,做到深浅适度,以水调温,以水调肥,提高植株的抗逆性。

B. 做好田间清洁卫生。及时清除病株病叶,带出田外烧毁或深埋。

C. 药剂防治。可选用25%炭特灵可湿性粉剂500倍液,或25%使百克乳油800~1000倍液,或70%甲基托布津可湿性粉剂1000倍液,或10%世高水分散颗粒剂1500~2000倍液喷雾或大水泼浇。每隔7天喷1次,连续防治2~3次。

2. 虫害

(1) 莲藕潜叶摇蚊

① 特性。属双翅目摇蚊科,寄主为芡实、莲藕、菱、萍等。

② 为害症状。主要为害芡实的嫩叶，被害叶变成紫黑色并腐烂。

③ 形态特征、生活习性、发生规律、防治方法。参见第98~99页"莲藕潜叶摇蚊"的相关内容。

(2) 莲缢管蚜

① 特性。属同翅目蚜科，寄主为芡实、莲藕、慈姑、茭、水芋、水芹、莼菜、绿萍等。

② 为害症状。以若蚜、成蚜群集于刚出水面的嫩叶、浮叶上刺吸叶汁，致使叶片发黄，生长不良。严重时使叶片难以展开。

③ 形态特征、生活习性、发生规律、防治方法。参见第97~98页"莲缢管蚜"的相关内容。

(3) 斜纹夜蛾

① 特性。属鳞翅目夜蛾科，又名"莲纹夜蛾""莲纹夜盗蛾"。是杂食性害虫，危害的植物达98科290多种，其中斜纹夜蛾喜食的有90种以上，如芡实、莲藕、水芋、苋菜、蕹菜、白菜、甘蓝、萝卜、落葵以及豆类、瓜类、茄科蔬菜等。

② 为害症状。幼虫群集叶片啃食叶肉，蚕食叶片成缺刻，发生多时叶片被吃光。

③ 形态特征、生活习性、发生规律、防治方法。参见第99~100页"斜纹夜蛾"的相关内容。

(4) 食根金花虫

① 特性。属鞘翅目叶甲科，又名"长腿水叶甲""稻根叶甲""稻食根虫""食根蛆""水蛆虫"。寄主为芡实、莼菜、莲藕、眼子菜、鸭跖草、长叶泽泻等。

② 为害症状。成虫和幼虫均能为害芡实的幼茎、嫩叶和根，被害处呈黑褐色斑点，伤口易因病菌侵入而腐烂，使植株生长不良，影响产量。

③ 形态特征、生活习性、发生规律、防治方法。参见第 100~101 页 "食根金花虫"的相关内容。

（四）加工技术

1. 干芡米

（1）脱粒、去衣　用于加工南芡干芡米的芡实籽粒应选择成熟度适中的"剥坯"，即果实应充分长足，籽粒饱满，鼓突淀粉含量明显增加，种壳开始变硬（牙咬种脐处可开裂）。果实采收后应于当天即将果皮掰开，把种子挤出。然后放入竹箩筐里边踩边在水里将假种皮漂出，再将去皮后的籽粒倒入洗衣机里反复滚动、清洗、去涩，直至不见黄水为止。

（2）剥壳烘干　清洗后的芡实种子可用老虎钳或牙顺种脐处夹（咬）开种壳成两半（其余方向咬不开或会将壳、米一起咬碎），取出芡米后清洗倒入篾筛中及时在炭火上烘烤，一般多将煤炉放于中央，上放水壶，四周用篾席围起，并高出煤炉 30 厘米左右，再将篾筛搁在篾席上，利用围炉内的热气烘烤，用炭火烘烤的芡米比太阳晒制的色白、质佳。

（3）分级、包装　烘烤后的干芡米，含水量应控制在 12%~13%。烘烤后即用筛筛去细小碎粒，及时用双层塑料薄膜袋包装封口，放入大缸、木箱或马口铁皮箱，并放入石灰等干燥剂，在阴凉环境下保存。根据需要，干芡米还可用不同规格的筛子过筛后分级包装、销售。一般每百千克湿壳芡可加工干芡米 10~12 千克。

2. 速冻鸡头米

（1）脱粒、去衣　南芡加工速冻鸡头米的原料应选用"大担"，即已充分长足的果实，要求籽粒饱满，但尚未鼓突，种仁较嫩，淀粉含量较低，种壳还没有变硬（用指甲可剥开）。果实采收后的处理同干芡米。

（2）剥壳、烫漂　清洗后的芡实种子可用指甲（专职人员手指头上套专用铜指甲）顺芡实种脐处切入将种壳剥成两半，取出芡米，清洗后装入专用聚乙烯薄膜袋，并加入5%~10%的清水后封口（亦可直接用雌雄封口小包装袋，每袋净重500克），再直接放在零下18℃的低温冰箱中冷冻保存。工厂化生产采用包装后再排气、低温速冻或单体冻结的方式，低温保存。

3. 三珍粉（营养滋补冲剂）

本产品是20世纪90年代由苏州市蔬菜研究所蔬菜加工厂研制生产的产品，主要利用芡实、莲藕、荸荠等外贸产品的剩余原料加工配制而成，其工艺流程如下。

（1）芡实粉　干芡实（碎粒、老粒）浸泡漂洗→粉碎、打浆→过筛、滤渣（100目尼龙绢筛）→漂洗、沉淀（反复2~3次）→晒粉、碾细（或烘粉）→包装备用。

（2）藕粉　鲜藕（伤、残藕、小藕、藕卜）浸泡漂洗→切碎、打浆→过筛、滤渣→漂洗、沉淀（反复2~3次）→晒粉、碾细（或烘粉）→包装备用。

（3）荸荠粉　鲜荸荠（小荸荠及伤、残荸荠）加工工艺同"藕粉"。

以上原料加工成品率分别为60%、6%、20%。

（4）三珍粉　按藕粉∶芡实粉∶荸荠粉为1.5∶0.5∶1的比例进行混合配制→添加辅料（蔗糖粉、干桂花）→真空包装（铝箔复合袋，每小袋50克）→装盒（纸盒，每盒10包）→灭菌（紫外光灯消毒）→成品检验→进库贮存。

二、莼菜

（一）生长发育

莼菜的种子萌发困难，生产上多以地下匍匐茎及其休眠芽越冬和繁殖，其生长发育一般可分为萌芽期、春季旺盛生长期、越夏缓慢生长期、开花结果期、秋季旺盛生长期、晚秋缓慢生长期和越冬休眠期等7个时期。

1. 萌芽期（3月下旬至4月中旬）

当春季旬均气温超过10℃时，莼菜水中茎的越冬休眠芽、根状匍匐茎的顶芽以及侧芽相继萌发，节间拔长并抽生小叶，根状匍匐茎各节发生须根，扎入土中吸收养分。随着气温的进一步升高，在叶腋间长出短缩茎和丛生的水中茎，抽生叶片并浮出水面。生产上注意施肥和除草。

2. 春季旺盛生长期（4月下旬至7月上旬）

此间旬均气温上升到16~28℃，莼菜生长最旺盛，叶腋间不断长出短缩茎和丛生状水中茎，并形成二级、三级分枝，长出新叶，同时向地下部生长生成根状匍匐茎。这一时期是莼菜全年产量最高的阶段，亦是品质最好的时期，要及时采收。

3. 越夏缓慢生长期（7月中旬至8月上旬）

此间旬均气温维持在28~29℃，植株生长基本停止，抽生新枝、新叶极少。水温高，病虫害增多，叶片容易腐烂，影响商品品质。生产上一般停止采收，并在夜间换水，降低水温。

4. 开花结果期（5月中旬至8月上旬）

此期气温在19~29℃，莼菜植株进入开花结果期。同时，随着新梢的萌发，上部花芽分化发育成深红色的花蕾，花蕾上有绒毛并披裹胶质。一般5月中旬花蕾露出水面，5月下旬开始进入盛花期，6月中旬后花逐渐减少，8月上旬开花停止，所结果实没入水中并自行脱落掉入泥中。

5. 秋季旺盛生长期（8月中旬至9月下旬）

此期旬均气温由28℃逐渐降至21℃，莼菜开始恢复生长，并进入全年第二个高峰生长期，产量有明显回升。

6. 晚秋缓慢生长期（10月上旬至11月上旬）

此期旬均气温在20~15℃，此时莼菜生长开始减缓，产量逐渐下降，胶质减少，植株以积累养分为主。

7. 越冬休眠期（11月中旬至翌年3月中旬）

此时旬均气温从15℃开始降至3℃左右，植株生长基本停止，养分集中到根状匍匐茎和水中茎顶端贮存，其中水中茎的老叶片脱落，顶端节间不再拔长，叶片不长，从而形成粗壮、短缩的茎和顶芽，即越冬休眠芽。一般气候条件下，翌年开春越冬休眠芽可自行萌发，节间伸长，叶片展开，形成新的水中茎，但在严寒和风浪较大时，越冬休眠芽与下部茎之间形成离层，脱离母株，随风飘荡，到翌年春季遇到适宜的土壤等环境条件时扎根生长形成新株。此外，温度过低时，部分水中茎也会枯死脱落。

（二）栽培技术

1. 有土栽培

（1）塘田选择　湖泊、池塘、河道、港汊以及低洼田均可作为莼菜的栽培场所，但要获得高产、优质的莼菜则必须选择适宜的土壤、水深和水质。其对土壤种类要求不严格，但以有机质含量丰富、理化性状良好、土壤结构适宜、pH 5.5~6.5的香灰土和经改良的水稻土为宜。土层厚度为20厘米左右。荒草池塘和低洼稻田种植莼菜应事先每亩施入腐熟粪肥或厩肥1000~1500千克或饼肥50千克，并每亩用生石灰30~40千克清塘，以去除杂草、藻类和鱼虫等。

（2）种茎定植　莼菜虽有种子，但采收困难，且种壳坚硬，发芽率较低，出苗后生长缓慢，因此多用地下匍匐茎繁殖，或用带根水中茎和越冬休眠芽繁殖。

① 定植时间。莼菜除炎夏和寒冬外，其余时间均可种植，但一般多春种和冬种，即以清明前后和小雪前后种植为佳。这时植株仅有短缩茎和休眠芽，便于运输和操作，成活率高。

② 种茎选择。莼菜繁殖如用地下匍匐茎应选取白色粗壮的茎段，每段不少于

2~3节。水中茎应选取粗壮老龄、色泽绿、带须根的茎段。越冬休眠芽可在10月底至11月采收（有的自行脱落），并在浅水土中扦插，翌年清明前后再移栽。

③ 栽植方法。莼菜的栽植方法有条栽和穴栽等2种。用地下匍匐茎和水中茎繁殖采用条栽方法，一般50~60厘米行距，每行匍匐茎单根顺长排列。用越冬休眠芽繁殖则采用穴栽方法，行距1米，株距30厘米。做种的地下匍匐茎、水中茎和越冬休眠芽都要注意随挖、随选、随种。

（3）田间管理

① 流水。莼菜田整年不能断水，并经常保持活水或2~3天添换清水1次。莼菜定植期应浅水管理，以利增温，早发棵。7—8月高温和11月至翌年2月低温期应深水管理，一般正常生长水位以50厘米为佳。

② 追肥。莼菜是多年生水生蔬菜，每年追肥应掌握在冬春根茎萌发前。一般每亩用草塘泥3000~5000千克或腐熟饼肥50千克。为提高7—9月份的产量，在5—9月，每月施1~2次尿素或复合肥，全年折合每亩施肥25千克。过多施用氮肥会降低产品品质。

③ 除草。莼菜定植期及每年萌芽期杂草较多，要注意及时拔草。当莼菜田水流不畅和有机质含量高时易长青苔（水绵），影响莼菜生长和产品质量。应及时降低水位，并喷洒波尔多液防治。

（4）及时采收　莼菜一经栽植，可连续采收多年。目前生产上莼菜的采收期主要是春季（4月中下旬至7月上旬）和秋季（8月中旬至10月上旬），全年采收5个月左右，10月中旬形成越冬休眠芽，不再长新叶时停止采收。当年春种者，约需经2~3个月后，叶片基本长满水面时开始采收。商品莼菜以采收嫩梢和初生卷叶为主，嫩梢一般包括1~2张卷叶和顶芽，外包被透明胶质。根据卷叶的大小一般分成S级（1~2.5厘米）、M级（2.6~4.5厘米）和L级（4.6~6厘米）等3个级别。

它们分别占采收量的 6%~8%、15%~30% 和 50%~75%。

采收者以乘小船或菱桶采收为宜，这样速度既快，产品质量又好。一般人均每天采摘 10 千克左右，熟练者每天可采摘 15~20 千克。若下田采摘，会因泥浆被搅起而影响采摘速度和产品质量。管理得好的莼菜田，栽种当年每亩可收到 250~500 千克，第二至第三年亩产达 500~1000 千克。

新鲜莼菜采收后应浸入水中保存，时间 1~2 天，久贮胶质脱落，叶片腐烂，故宜当日采收，当日罐藏或速冻加工。

（5）轮作更新　莼菜一经栽植，可连续多年采收，定植后第二至第四年为高产年份，以后生长开始减弱，并逐步衰败。主要表现为春季萌芽晚，叶片小，生长速度慢，新芽少，产量低。因此，生产上一般采取隔行拔除一部分根状匍匐茎的办法，或全部拔起再选择粗壮无病匍匐茎重新排种，而选用越冬休眠芽扦插繁殖，更有利于复壮。

2. 无土栽培

（1）基质选择　由于莼菜常规栽培以根状匍匐茎繁殖，因此基质的选择以瓜子片石和细砂混用较好，厚度 10 厘米左右，也可底层用瓜子片石，上层用细砂，数量各半，或纯细砂 10 厘米厚。

（2）营养液配方及浓度　在常规无土栽培中应选配完全营养液，其中大量元素配方中以硝态氮和铵态氮复配效果最好。根据对莼菜养分的测定，氮、磷、钾、钙、镁等大量元素的比例为 1.49∶1.71∶1∶1.1∶0.28，因此肥料配方比例选用了硝酸钾 10.08、硫酸镁 11.29、硫酸铵 20.07 和过磷酸钙 78.22；其次选用尿素 3.03、硫酸钾 2.09、过磷酸钙 18.78 和硫酸镁 2.71，效果亦较好。微量元素采用硼酸、硫酸锰、硫酸锌、硫酸铜、钼酸铵和螯合铁，其每升营养液中分别含硼 0.5 毫克、锰 0.5 毫克、铜 0.02 毫克、钼 0.01 毫克和铁 2.8 毫克。

莼菜是浮叶水生作物，全株生长在水中，因此营养液离子浓度不宜过高，低于0.02%植株可正常生长，而高于0.03%则会出现叶柄扭曲、心叶皱缩等畸形症状。采取根际滴施方法，植株生长均正常。

（3）种茎定植　莼菜种茎应选择无病虫害且生长健壮的地下匍匐茎、带根水中茎和越冬休眠芽。地下匍匐茎应选取白色粗壮的茎段，水中茎应选取粗壮老龄茎段，越冬休眠芽应于11月采摘并扦插，促进生根。

定植时间一般于清明前莼菜萌芽之前进行。地下匍匐茎和水中茎采取条栽办法，行距0.5米，每行种茎顺长排列，种量少时亦可将行距设为1米。越冬休眠芽一般采用穴栽办法，每穴1株，行株距30厘米×30厘米。

（4）田间管理

① 水量。莼菜在不同生育期对水位的要求不同，萌芽期基质上部水位10~20厘米，以后随植株茎叶生长随时添加水到50~70厘米。

② 水质。种植莼菜水质要清，可用小水泵循环水溶液。面积小时，可隔2~3天添换水1次。水一般用中性无污染的河水、井水及自来水，pH在6.5~7.5为好。

③ 除草。在定植莼菜时可能因种茎清洗不净而将草籽或杂草根茎带入，因此要抓紧在莼菜萌芽前后清除杂草。当水中有机质含量高和水流不畅时，池壁和底层容易长青苔，严重时危害茎、叶，影响产量和产品质量。防治方法除保持水清洁外，喷洒1∶1∶20倍波尔多液有良好效果，每亩每次用药量为250克硫酸铜和250克生石灰。

（5）及时采收　当年种植的莼菜，至7月中下旬叶片可基本长满水面，8月中旬开始采收，但当年采摘量不宜过大，以利养根。常规生产每年采收2期：第一期为春季，在4月中下旬至7月上旬；第二期为秋季，在8月中下旬至10月上中旬。在夏季遮阴降温和在冬季加温等有助于保护莼菜，其产量与施肥数量、次数有关，勤施肥和及时采收是提高莼菜产量的关键。一般条件下，莼菜可周年供应。正常采收时亩产卷叶和嫩梢可达300~400千克。

莼菜无土栽培可用于家庭种植，工厂、园林池塘绿化和周年供应，尤其在莼菜无土栽培池里养殖金鱼、河虾，将食用和观赏紧密结合，前途更为广阔。

3. 选种留种

莼菜是多年生水生宿根性草本蔬菜，但能进行有性繁殖，即在水面开花、授粉、结荚后没入水中，种子老熟后掉入土中，因其种壳坚硬，在水中可长期存活，在环境条件适宜时，部分种子可萌发生成新的植株。但有性繁殖的植株生长缓慢，生产上极少采集果实用种子繁殖，但用种子繁殖有利于植株的提纯复壮。

（三）病虫防治

1. 病害

（1）莼菜叶腐病

① 症状。主要为害叶片，叶柄亦能受害。染病初期在已展开的叶片上出现褪绿色、0.5~1厘米不规则病斑，后病斑扩大到半叶至整叶，变暗褐色湿腐状病斑。未展开的幼叶，常整叶变成黑色腐烂，对产量影响较大。

② 侵染途径和发病条件。以菌丝体或卵孢子随病残体在莼菜塘中越冬。以孢子囊及其产生的游动孢子从叶片气孔侵入而发病，再产生游动孢子作再次侵染。在水质差、水色呈淡黄色或咖啡色、水面有一层锈色浮沫的浑浊池水中易多发，在青苔多的池水中也易发生。

③ 防治方法。

A. 加强肥水管理。保持池水清洁、流动，不追施人畜粪便等有机肥。

B. 药剂防治。在发病初期泼浇（或喷雾）30%氧氯化铜悬浮剂加25%甲霜灵可湿性粉剂，按1∶1兑水1000倍液，或72%霜霉疫净可湿性粉剂（或78%科博可湿性粉剂）加 57.6% 冠菌清干粒剂按 1∶1 兑水 1000 倍液，或等量式波尔多液，或 27.12% 铜高尚悬浮剂 500~800 倍液。在施药的前一天宜排水保持薄水层，喷药后过 24~48 小时再回水。每隔 7~10 天施药 1 次。不同药剂交替使用为佳。

（2）莼菜根腐病

① 症状。主要为害地下根茎。病株初期抽出的叶片变淡、卷转、不展开，叶柄成弯曲状后变褐色腐烂，拔出根部可见已变成棕褐色，严重时根茎会腐烂。

② 侵染途径和发病条件。连作田，偏施或过施氮肥，或用未腐熟的有机肥做基肥，或被食根金花虫危害等易发病并受害重。连绵阴雨，日照不足或暴风雨频繁，污水入田也易引起发病。

③ 防治方法。

A. 加强莼菜池塘管理。施用腐熟有机肥和经常保持池水清洁流动。

B. 清除丝状藻类及防治食根金花虫危害。

C. 发现初发病株及时挖除，带出塘外妥善处理，并用 50% 多菌灵可湿性粉剂（或 70% 甲基托布津可湿性粉剂）加 25% 甲霜灵可湿性粉剂（或 53% 金雷多米尔可湿性粉剂，或 50% 安克可湿性粉剂，或 72% 霜霉疫净可湿性粉剂）按 1∶1 混合，每亩用混合粉 100~150 克加干细土 10 千克左右拌匀撒入塘中。地上防治采用混合粉兑水 1000 倍液喷施叶片。每隔 7~10 天喷 1 次，连续防治 2 次。

（3）丝状藻类

① 症状。该藻类可造成莼菜池塘的水质劣化，使莼菜生长不良，叶色变淡，严重时莼菜的茎叶甚至新梢上也长青苔，妨碍植株生长，污染产品，使莼菜丧失食用价值。

② 侵染途径和发病条件。一般以细胞分裂进行繁殖，多在夜间进行。有性繁殖以 2 条丝状体的细胞互相接合，产生接合子，经休眠后萌发为新个体。凡是水质

差、有机质过多的水体，有利于发生繁殖。水温过高，追施人畜粪尿也易发生繁殖。

③ 防治方法。

A. 加强肥水管理。保持池塘水清洁流动，勿使污水流入池中，切忌用粪尿作追肥，应用化肥作追肥。

B. 人工捞除。结合莼菜的采收，人工捞除藻类。

C. 化学除藻。采用等量式波尔多液喷洒在莼菜塘的水面。绝不可单喷硫酸铜，易产生药害。

2. 虫害

（1）扁卷螺

① 特性。扁卷螺包括大脐圆扁螺、凸旋螺、尖口圆扁螺等3种，属软体动物腹足纲扁卷螺科。寄主为莼菜、莲藕、芡实、绿萍、水浮草等水生作物。

② 为害症状。主要为害水生作物浮于水面的叶片，造成缺刻和孔洞；还可咬伤根和茎，使植株腐烂死亡。

③ 生活习性和发生规律。栖息于水不流动、浅而荫蔽且较清澈的池塘或沟渠处。喜欢生活在水生植物丛生的水域中，附着在水生植物的茎、叶或水中落叶上。全年有两个危害高峰，即春季5—6月和秋季9—10月。夏季高温和11月降温对生长发育不利，温度20~25℃的环境有利于产卵繁殖。春季、秋季多阴雨天，发生重。

④ 防治方法。参见第62页"锥实螺"的防治方法。

（2）锥实螺

① 特性。又名"耳萝卜螺"，属软体动物腹足纲。寄主以莼菜、菱、芡实等水生作物受害重。

② 为害症状。主要为害莼菜叶片，形成缺刻和孔洞，严重时茎亦被啃食。

③ 形态特征、生活习性、发生规律、防治方法。参见第61~第62页"锥实螺"的相关内容。

（3）萍摇蚊

① 特性。为害莼菜的有红丝虫和白丝虫等2种，属双翅目摇蚊科。寄主为莼菜、绿萍。

② 为害症状。幼虫咬食莼菜叶背的叶肉，使叶片残缺不全，严重时整片叶吃光。还能为害茎和根，造成莼菜无根，茎叶残缺，生长缓慢。

③ 生活习性和发生规律。春、夏、秋三季都可为害，世代重叠，以夏季为害最重。当日平均温度在28.7~33.7℃时，完成1个世代需18天左右。交尾和产卵在晚上9时以后进行，以夜里10—11时最盛。成虫寿命4~5天。幼虫可营浮游生活。老熟幼虫化蛹前，作一虫槽化蛹。

④ 防治方法。

A. 杀灭越冬幼虫。莼菜萌发前每亩用3%辛硫磷颗粒剂1.5~2千克，或5%除齐颗粒剂1~1.5千克撒施。

B. 发生虫害初期用90%敌百虫晶体800~1000倍液，或80%敌敌畏乳油1000~1500倍液，或48%乐斯本乳油1000~1500倍液喷雾。每隔7~10天喷1次。

（4）荚萤叶甲

① 特性。属鞘翅目叶甲科。寄主以莼菜、荚为主。

② 为害症状。幼虫和成虫为害以莼菜叶正面为主，咬啃成条孔状，对莼菜产量影响大，严重时可减产60%以上。一般8—9月份为害最重。

③ 形态特征、生活习性、发生规律、防治方法。参见第59~60页"菱萤叶甲"的相关内容。

(5) 食根金花虫

① 特性。又名"长腿水叶甲""稻根叶甲""稻食根虫""食根蛆""水蛆虫"。属鞘翅目叶甲科。寄主为莼菜、莲、眼子菜、鸭跖草、长叶泽泻等。

② 为害症状。成虫和幼虫均能为害，成虫取食浮出水面的叶片，吃成穿孔或斑驳，影响莼菜品质。幼虫钻入莼菜地下茎内吸取汁液，导致莼菜发黑死亡。

③ 形态特征、生活习性、发生规律、防治方法。参见第100~101页"食根金花虫"的相关内容。

（四）加工技术

1. 加工保鲜

(1) 原料标准

① S级。包括1张小卷叶和1个顶芽，叶长1~2.5厘米，叶柄长0.5厘米，叶面两侧向上紧卷，其接触处缝隙窄，卷叶和顶芽外包裹着的透明胶质层厚，无展开叶，无腐败叶，每个芽重0.5克左右。

② M级。包括1~2张较大卷叶和1个顶芽，叶长2.5~4厘米，叶柄长1.5厘米，叶片上卷，缝隙稍大，卷叶和顶芽外仍包裹着较厚的透明胶质，无展开叶，无腐败叶，每个芽重1克左右。

③ L级。包括1~2张大卷叶或含1个顶芽，叶长4~6厘米，叶柄长2厘米左右，叶片上卷已较松散，但仍包被有稀薄胶质，每个芽重1.5克左右，无展开叶片，无腐败叶。

(2) 工艺流程　新鲜莼菜（当天采摘）清洗去杂（剔除展开叶、烂叶、杂草、昆虫）→整理分级（用不锈钢刀切除过长叶柄，并按级分类）→漂洗→装袋（用符合食品卫生要求的坚固材料）→检验冷藏（0~2℃保存）→空运外销。

2. 速冻冷藏

（1）原料标准　外销的选用S级和M级，内销的选用M级和L级。

（2）工艺流程　新鲜莼菜清洗去杂→整理分级→反复漂洗→杀青冷却—装盘速冻（定量装并添加少量清水，-30℃）→脱盘装袋（封口）→包装检验→冷冻贮存（-18℃）。

3. 罐装贮存

莼菜罐装包括瓶装、袋装和桶装等形式，其原料分级参照"加工保鲜"和"速冻冷藏"标准。各产品工艺流程如下。

（1）瓶装

① 原料整理。新鲜莼菜要清洗去杂，剔除展开叶、烂叶、杂草、昆虫等。

② 杀青。用隔层锅或不锈钢锅在90℃水中煮0.5~1分钟，待茎、叶全部转为翠绿色后捞出，沥去热水。

③ 冷却。沥水后的莼菜立即浸入冷水池里搅拌冷却，并在多只冷却池里反复漂洗达到完全冷却为止，再浸泡10小时。

④ 灌装。275克装玻璃瓶灌入冷却后的莼菜200克左右，并添加1%冰醋酸溶液75克左右（pH为3~3.5）。

⑤ 封口。将装好的莼菜瓶放在90~98℃的水浴锅里煮，瓶内中心温度在65~70℃。煮15分钟，将瓶内空气排出，及时加盖封口。

⑥ 灭菌。将封口后的瓶装莼菜再次放入沸水中煮15分钟，此时瓶外温度约90℃，然后逐渐冷却，分别放入65℃和45℃水中各15分钟，最后放入15℃水中冷却至常温。取出擦干平放5~7天。

⑦ 包装。纸箱包装（41厘米×27厘米×24厘米），每箱装24瓶。

⑧ 检验。检验合格，贴上商标。

（2）桶装　桶装莼菜的前道工序（原料整理、杀青和冷却）同瓶装莼菜。25千克折叠聚乙烯桶装莼菜17.5千克，加1.5%冰醋酸溶液7.5千克，然后将桶内空气压出盖上桶盖，装双瓦楞纸箱，每箱1桶，检验合格后贴上标签。

（3）软罐头　软罐头莼菜加工工艺基本同瓶装莼菜。其包装采用立式铝箔复合蒸煮袋，净重150克。灌装后用真空包装机抽气封口，并打上生产日期，经沸水杀菌15分钟后，冷水多次冷却至常温。产品检验采用感官检验和理化检验。其中耐压强度20千克，静荷保持1分钟无泄漏，或50厘米高度跌落2次无泄漏为包装合格。

三、菱

（一）生长发育

菱的生长发育分成萌芽期、菱盘形成期、开花结果期和种子休眠期等4个时期。

1. 萌芽期（4月上旬至4月下旬）

当春季旬均气温在13~16℃时，菱的种子开始萌动，胚根和下胚轴生长伸出发芽孔形成发芽茎，并从上抽生2条主茎和幼根，形成幼苗。此期要求水浅，水位在10~30厘米，有利于提高土温和水温。以后随着水中茎的生长，逐渐加深水位至50~60厘米。

2. 菱盘形成期（5月上旬至10月下旬）

此期亦称营养生长旺盛期。当旬均气温在29℃时，菱的主茎生长加快，并迅速形成二级、三级分枝，在茎顶形成菱盘，菱盘多少及叶片大小决定其结菱数量和产量，因此，在生产上应注意氮肥和磷钾肥的配合施用，并随时注意随着植株茎叶生长量的加大而缓慢加深水位。浅水菱品种一般水位控制在1~2米，深水菱品种可加

深水位至3~4米。

3. 开花结果期（7月下旬至10月下旬）

此间旬均气温在29~16℃，长满水面的菱盘开始雍长，菱叶由贴水而长转为向上斜长挺出水面，菱叶间形成花蕾，并开花结果。这个阶段是形成产品和产量的关键时期，日夜温差大，有利于养分的转化和积累，生产上注意磷钾肥的补充。

4. 种子休眠期（11月上旬至翌年3月下旬）

此期旬均气温由16℃降至3℃，菱角植株生长逐渐停止。低于5℃，叶片枯死，种子脱落在水中泥土里，自然休眠越冬。此时生产上要注意及时选种，在种菱脱落前采收洗净，放入塑料编织袋或竹筐等容器里，并垂吊于活水中，要求水位较深，以防结冰受冻。对于已脱落入水底的老熟菱应及时用耙收起。

（二）栽培技术

1. 选择水面

种菱要求选择风浪不过大而水流动，底部比较松软肥沃的河湾湖荡、沟渠、池塘等。浅水菱水深在2米以内，深水菱水深不超过4米。要求水质不过肥，无污染。

2. 合理播种

菱栽培一般采用直播或育苗移栽这两种方法。3米以下浅水河湖种菱多采用直播，而4米水深菱塘则采用育苗移栽。

（1）催芽　3月底至4月初气温回升，菱种发芽，在芽长至1厘米左右时将种菱起出，挑去烂菱、嫩菱，洗净后播种。

（2）清塘　播种前要求用菱筢（等腰三角形木架，底边长1米，上加梳子形竹齿，木架顶系绳，以便拖拉）在水底拖拉以清除野菱、水草、青苔等，对较长的水草则用两根细长竹竿绞捞，以防止播种后杂草危害菱的生长。

（3）播种　菱播种分微播和条播两种。但微播一则用种量大，再则不便水面操作管理，因此以条播为好。

条播方法如下：根据菱塘地形划成几个纵行，在两头插立竹竿为标志，中间用尼龙丝拉线，顺线条播。具体根据菱的不同品种及菱塘土质肥水条件而异。一般早熟品种行距较小，播种量较大，而晚熟品种行距大，播种量少；菱塘土肥则播种稀，土瘦则密；新种菱塘则稀，重茬菱塘则密。常用密度为早熟种（水红菱等）行距 2~3 米，亩播种量 12~15 千克，中晚熟种（大背菱、老乌菱等）行距 3~5 米，亩播种量 10~12 千克。

种菱应每年清塘和播种，防止品种混杂退化。

（4）移栽　深水菱塘种菱应事先育苗，育苗应选择避风向阳、水位较浅（1~2 米）、排灌方便、土壤肥沃的池塘或鱼塘。播种前放干塘水晒垡，促使塘土风化，播前放水，水深 1 米左右，以后随着菱苗的生长逐步加深水层，以适应深水栽培。

到 5 月下旬至 6 月上旬时，育苗菱种已经分盘，但叶片尚软还未直立变硬，此时应及时移栽。起菱时应防止用力过猛，以免拉断菱棵。起出的菱棵每 8~10 株下部用绳捆为 1 束，顺序放在船上，并用菱叉（5 米左右长的竹竿上装有小铁叉）叉住菱束绳头，按栽植距离逐束插入水底土中。菱束长度应与水深相等，这样菱苗可直立水中，易于成活。菱盘密度以 7 月下旬至 8 月上旬菱盘碰水面为宜，行株距大体为 2.5 米×2.0 米。

3. 扎垄防风

菱苗出水或移苗后须立即扎菱垄，以防风浪冲击和杂草漂入菱塘。方法是菱塘外围用毛竹打桩，毛竹间距在 10 米左右，竹桩长度以入土 30~50 厘米、出水 1 米为宜，竹桩间拉尼龙绳，并间隔 30 厘米左右在绳上呈"十"字形捆绑水花生。待水花生长茂盛后即可防风挡浪（菱采收结束应及时将水花生清除出水面）；亦可用

草顺尼龙绳捆绑防浪。

4. 清除杂草

菱塘中的常见杂草有荇菜、水鳖草、青苔、槐叶萍等，发现后应及时清除。条播者在菱盘未封行前用菱篦在行间来回拖拉，同时注意将菱盘中心叶较尖、叶片无光泽的野菱拔除。

5. 适时追肥

为了提高菱的产量，改进品质，适施草塘泥和适量追施复合肥或根外喷肥很有必要。尤其是老菱塘，如果常年不施肥，将导致年年减产。因此，肥力不足的菱塘可以在播种前每亩撒施草塘泥 2000~3000 千克，一般菱塘在菱始收期顺菱盘间每亩施氮、磷、钾复合肥 15 千克，或随治虫喷药时兼喷 0.2%~0.5% 磷酸二氢钾溶液。

6. 及时采收

8月下旬至9月上旬菱开始陆续采收，始收期一般每 7 天采收 1 次，盛收期 3~4 天采收 1 次，至 10 月下旬结束。根据菱的不同品种及时采收，可以提高后期产量和总产量，并获得较好的品质。生食菱的采收标准为果实硬化，果皮颜色鲜艳，如鲜红色或淡绿色，萼片脱落，用指甲可掐入果皮，果肉脆，菱角可浮于水面。熟食菱的采收标准为果实充分硬化，果皮颜色较暗，如紫红色、褐色等，果柄与果实的连接处出现环形裂纹，果尖突现，果实容易脱落，果实重而沉水。浅水菱可穿水裤直接从行间下田采收，深水菱应用菱桶或小船采收。采菱时要做到"三轻""三防"，即提盘轻，摘菱轻，放盘轻；防猛拉菱盘，植株受伤，防速度不一，老菱漏采，防老嫩不分，采摘不净。采下的菱应立即浸入水中存放，防止高温日晒变质。

7. 选种留种

在菱盛果期，即第三、第四次采收时选留种最适宜，要选用保留本品种固有特征，形态整齐，皮色深，无虫害，壳薄肉厚，充实饱满的老熟菱（即果实背部与果柄分离处有2~3个同心花纹者）留种。

菱种一般都采用水中吊的方式贮藏。于10月下旬用柳条筐或尼龙编织袋包装菱种，每筐（袋）50千克左右，吊挂在水中毛竹架上。一般水深30厘米左右，筐（袋）上不露水面、下不着泥，保持活水流动，防止菱种受冻。由于菱种在贮藏中要损耗30%左右，因此在留种时应根据第二年的播种面积适当多留一些。

（三）病虫防治

1. 病害

（1）菱白绢病

① 症状。又称"菱瘟"。主要为害叶片、叶柄和浮在水面的菱角。叶片染病初期出现淡黄色至灰色水渍状斑点，后不断扩展成圆形至不规则形斑，严重的可扩展到大半个叶片，乃至全叶；叶背生出白色密集菌丝和茶褐色小菌核，几十粒至百余粒，在高温高湿下叶正面可出现菌丝和菌核，造成叶部分或全叶腐烂。同时蔓延到其他菱叶，造成整个菱盘腐烂。叶柄染病，多腐烂脱落。果实染病，幼果多腐烂，成熟果不能食用。

② 侵染途径和发病条件。以菌核附在菱塘四周杂草上、土中、病残体上越冬，或以菌丝随病残体遗留在土中越冬。翌年5月气温高于20℃时，菌核萌发长出菌丝，与菱角出水叶接触即形成初侵染，菌丝经伤口侵入或直接侵入，成为中心病株。发病中心形成后不断向四周蔓延，病部又长出菌丝或菌核，与健株接触或通过杂草及病菌漂浮、菱萤叶甲等传播，进行再侵染。菌丝生长和菌核萌发的适宜温度为24~32℃，最高温度为40℃，最低温度为8℃。高温高湿或高温大暴雨或连续的阴雨后突然放晴易发病。气温在24~32℃时病情扩展迅速。气温高于24℃时，经24小时即可显示症状；气温高于34℃时病情扩展受到抑制。田间5—6月开始发病，7—8月高温季节发病重。生产上偏施、过施氮肥，植株过于茂密，杂草丛生或

连作菱塘及污水菱塘发病重。

③ 防治方法。

A. 采菱后及时清除病残株、铲除塘内杂草，集中深埋或沤肥。

B. 施用充分腐熟的有机肥或经酵素菌沤制的堆肥，采用配方施肥技术，避免过施、偏施氮肥。

C. 菱盘处在幼小阶段时，在菱塘四周留1~1.5米宽空白隔离保护带，防止越冬病原菌侵入塘四周。

D. 加强管理，保持洁净微流动活水。严禁串灌、漫灌，及时防治菱萤叶甲。

E. 在发病前或发病初期喷洒50%速克灵可湿性粉剂100倍液，或70%甲基托布津可湿性粉剂800倍液，或50%苯菌灵可湿性粉剂100倍液，或50%福多宁可湿性粉剂3000倍液。每隔5~7天喷施1次，连喷2~3次。采收前3天停止用药。

（2）菱纹枯病

① 症状。又称"菌核病"。主要侵害叶片，水中的菊状叶或浮出水面的出水叶皆可被害。叶斑圆形或椭圆形至不定形，褐色，具云纹，病部和健部界限清晰，病斑扩大并连合，致使叶片腐烂枯死，病部可见菌丝缠绕和由菌丝纠结形成的菌核。

② 侵染途径和发病条件。主要以菌核散落土中或以菌核及菌丝体在病残体、杂草等寄主上越冬。在菱生长期，浮于水面或沉于水下的菌核萌发伸出菌丝侵染致病，病部上核不经休眠即可萌发长出菌丝进行再侵染，病部菌丝靠攀缘接触侵染邻近叶片。时晴时雨及高温高湿的天气有利于病菌的繁殖和侵染，8—9月份发病重。菱田偏施、过施肥，菱株体内游离氨基酸含量高，易染病。

③ 防治方法。

A. 加强肥水管理。根据菱各生育期的需要合理进行肥水管理，施足腐熟有机肥，适当增施磷钾肥，勤施、薄施追肥。做好以水调温调肥管理，水层深浅适度，以提高菱株抵抗力。

B. 药剂防治。在病害始发期喷洒50%扑海因悬浮剂1000倍液，或40%施灰乐悬浮剂1000倍液，或50%速克灵可湿性粉剂1000倍液，或50%纹枯利可湿性粉剂800倍液；在开花期可喷5%井冈霉素水剂50~100毫克/升液。每隔7~10天喷1次，连续防治2~3次。此外，喷药时可混入喷施宝、植宝素、磷酸二氢钾等。

（3）菱褐斑病

① 症状。主要为害菱叶，初在叶片边缘生不明显的淡褐色小斑点，后病斑逐渐扩大成圆形或不规则形，深褐色，病斑直径在4~5毫米，天气潮湿时病斑上可见黑褐色霉层。危害是引起菱叶早衰，结菱少，菱角小，影响产品品质和产量。

② 侵染途径和发病条件。以菌丝体在病残体内越冬。翌年以分生孢子进行初侵染和再侵染。分生孢子借助风雨传播蔓延。夏、秋两季多雨，易发病。菱塘肥力不足，菱盘瘦小有利发病。

③ 防治方法。

A. 做好菱塘清洁卫生。采菱后及时清除病残株，集中深埋或沤肥。

B. 加强肥水管理。施用腐熟的有机肥或经酵素菌沤制的堆肥，采用配方施肥技术，适当增施磷钾肥。菱塘水质要清洁流动，防止污水流入。

C. 药剂防治。在发病初期喷洒50%多菌灵可湿性粉剂800倍液，或40%多菌灵井冈霉素胶悬剂600倍液，或70%甲基硫菌灵可湿性粉剂1000倍液。每隔5~7天喷1次，连续防治2次。

2. 虫害

（1）菱萤叶甲

① 特性。属鞘翅目叶甲科。寄主为菱、莼菜，食料不足时才取食水鳖。

② 为害症状。菱萤叶甲是菱的毁灭性害虫。其成虫和幼虫均蚕食菱叶，被食

的叶呈千疮百孔状，严重时叶肉全部被食尽，远视菱塘一片焦黄，可使菱塘减产60%以上，甚至失收。

③ 生活习性和发生规律。越冬代成虫出蛰时间参差不齐，产卵历期长达30天左右，故世代重叠。成虫喜产卵在菱盘的中层叶片正面，每头雌虫平均产卵25块，每卵块约含卵20粒。成虫、幼虫均能取食，嗜食菱、莼菜，食料不足才取食水鳖。幼虫共分3龄，1~2龄食量小，3龄食量大，进入暴食期。菱萤叶甲是一种不抗高温、耐寒力也较弱的昆虫，幼卵、蛹抗水性亦不强。发育适宜温度为20~32℃，在34℃时各虫态发育受抑制，历期延长；8℃时经24小时，卵、幼虫全部死亡。

在江浙一带一年可发生7~8代，以成虫在茭白、芦苇的残茬及杂草和塘边土缝内越冬。越冬成虫4月上中旬开始活动，4月底5月初菱盘一出水面，越冬成虫就迁飞到菱盘上啃食叶肉，并进入交配高峰，3~4天后产卵。全年种群发生数量以6月中旬至7月中旬最多，为害也最重，也是2~3代为害最严重的世代。

④ 防治方法。

A. 歼灭越冬虫源。秋后（10月上旬）及时处理菱盘，冬季烧毁河塘边菱角残茬，铲除岸边茭草、蒲草、芦苇等杂草，可杀灭越冬成虫，压低越冬基数。

B. 药剂防治。采取"狠治2代，补治3代"的防治策略，控制6月中旬至7月下旬的为害高峰。掌握在幼虫1~2龄期，以上午8~9时或下午3~4时施药最佳。药剂可选用25%杀虫双水剂500~1000倍液加0.3%洗衣粉，或48%乐斯本乳油1000~1500倍液，或90%敌百虫晶体800~1000倍液，或4.5%氧氰菊酯乳油2000~2500倍液，或50%巴丹可湿性粉剂1000倍液，喷雾或大水泼浇。

（2）菱紫叶蝉

① 特性。属同翅目叶蝉科。寄主为菱、芡实、莲藕、浮萍等水生植物。

② 为害症状。成虫、若虫刺吸菱的茎叶，造成伤痕，并在茎叶组织内产卵，

外有长条形卵帽。菱受害后生长滞缓,产量降低。

③ 生活习性和发生规律。成虫、若虫嗜食菱。雌成虫平均寿命为16.9天,雄成虫平均寿命为6.9天。雌虫产卵历期15~25天。产卵量大,平均每头雌虫产卵97.5粒,最多可达211粒。卵多产于菱叶柄膨大的通气组织内,长条形卵帽外露。卵的胚胎发育在18~22℃时需8天,25~32℃时需5天。若虫分5龄,历期15~20天。由于产卵历期长,从第二代开始世代重叠。

在江浙一带1年发生6代。10月下旬至11月上旬,菱盘枯黄后,成虫即迁入河塘边的杂草水毛花、栖霞蔍草上产卵,卵在其棱茎中越冬。翌年3月中下旬,卵开始发育。4月初出现眼点,5月初孵化,第一代初孵若虫即迁入刚出水面的菱盘上取食为害,第二代发生在6月上旬至7月初,第三代发生在7月上旬至7月下旬,第四代发生在7月下旬至8月中下旬。凡塘边莎草科杂草多,菱生长旺盛郁青,易发生危害,6月份梅雨少,早黄梅有利发生。

④ 防治方法。

A. 做好团网的清洁卫生。清除河边、塘边、沟边的杂草,尤其是莎草科杂草,可减少越冬虫源。

B. 药剂防治。可喷洒20%莫比朗可湿性粉剂3000~5000倍液,或48%毒死蜱乳油1000~1500倍液,或70%艾美乐水分散颗粒剂15000~20000倍液,每隔7~10天喷1次,连喷2次。

(3) 锥实螺

① 特性。又名"耳萝卜螺",属软体动物腹足纲。寄主为菱、莲藕、莼菜、芡实、红萍、水浮草、水葫芦等水生植物,偏嗜菱、莼菜、芡实,是杂食软体动物害虫。

② 为害症状。为害水生植物的叶、茎、花,形成叶片缺刻和孔洞,尤其嗜食

菱、芡的花蕾，对产量影响较大。

③生活习性和发生规律。锥实螺一生历经受精卵、幼虫、幼螺、成螺等4个阶段。幼虫期仍滞留在卵壳内，历期48天。解化后为幼螺，此时贝壳已成形，幼螺开始取食为害，但食量甚小，历期75~90天。成螺寿命较长，短的95天，长的可达725天，平均在617天，在20~22℃时经80天左右性成熟，即开始交配产卵。卵多产于水生植物叶背或基部，或在植物附近的某些物体如石块、残叶的表面。自然种群在4—11月均能产卵，全年产卵出现两个高峰，第一产卵高峰在6—7月上旬，第二产卵高峰在9月。锥实螺生长、繁殖的适宜温度为18~26℃，26℃以上孵化率降低。冬季低温，越冬死亡率高。

④防治方法。成螺抗药性强，故防治适期应掌握在幼螺期，一般在产卵高峰期后15~20天为幼螺高峰期，亦是用药防治适期。可选用茶籽饼每亩10千克撒到菱塘里，24小时内防治效果可达100%。也可用6%密达颗粒剂、4%灭旱螺颗粒剂、6%蜗克星颗粒剂、5%梅塔颗粒剂，每亩用1~1.5千克药剂撒到菱塘里。水温13℃以上时用药最佳，2周后再用药1次。

（四）加工技术

1. 脱水菱肉

（1）原料选择　选用老熟菱，即个大、完整饱满、无病虫危害、无腐烂、无泥沙、无空壳、种皮自然脱落的菱，晾干。

（2）剥壳、烫漂　用刀劈开种壳，取出菱肉，在沸水中烫漂5~8分钟后捞出冷却，整形或加工成片。

（3）脱水干制　经处理后的菱肉用顺流式隧道烘干，前期温度为80~85℃，后期温度为55~60℃，一般需要5~8小时。

（4）包装、贮藏　菱肉脱水干燥后，经冷却立即用铝箔复合袋或双层聚乙烯薄膜袋密封包装，保持干燥，以0~2℃低温贮藏为佳，贮藏温度不得超过14℃。

2. 速冻菱肉

（1）原料选择　选用充分长足的新鲜菱，尤以水红菱为佳，要求质嫩肉细、个大、完整、饱满、无病虫危害。

（2）清洗剥壳　先将菱用清水浸泡，去泥及昆虫、杂草后，再用小刀劈开，剥出菱肉，泡入0.1%~0.15%柠檬酸溶液中护色。

（3）烫漂冷却　将清洗后的菱肉放入连续煮烫机中烫漂2分钟左右捞出，并立即浸入3℃冷水池里搅拌冷却，然后在多只冷却池里反复漂洗，直到完全冷却为止。

（4）冷冻贮存　经冷却后的菱肉采用流态化速冻装置或螺旋式速冻装置（30℃左右）获得冻结均匀的颗粒菱肉。采用不透水汽的聚乙烯薄膜袋定量包装，并在-18℃的低温库内贮存。

3. 菱粉

（1）原料选择　选用老熟菱，尤以大老乌菱加工方便，出粉率高。

（2）剥壳、漂洗　用刀劈开菱种壳取出菱肉，清水漂洗干净。

（3）粉碎、打浆　漂洗后的菱肉用钢磨粉碎机打浆。

（4）过筛、滤渣　经打磨后的粉渣用粗筛、细筛（80~100目）过滤，粉浆留在缸内沉淀。

（5）漂洗、沉淀　倒去缸面残渣杂质、汁液，换入清水漂洗，再沉淀，再漂洗，重复2~3次。

（6）晒粉、干燥　将沉淀后的湿粉倒入布袋，沥去余水。在匾、筛里摊薄晒干或烘干，使含水量降到13%以下。

（7）消毒杀菌　将干燥后的菱粉置于紫外灯下照射2~3小时灭菌。

（8）包装检验　将晒干的洁白菱粉及时用聚乙烯薄膜袋定量包装并封口，外用

纸箱或铁桶包装。

（9）进库、贮存　成品贮存注意要室内通风、防潮，避免阳光直射，以防变质。

四、茭白

（一）生长发育

茭白的生长和发育一般可分为萌芽期、分蘖期、孕茭期和停滞生长期等4个时期。因茭白又分为秋种两熟茭、春种两熟茭和一熟茭等3种类型，其生长和发育阶段仍有一定的区别。

1. 秋种两熟茭

（1）萌芽期（3月上旬至4月中旬）　田间越冬的母株在春季旬均气温达5~7℃时，其短缩茎节和地下根状茎先端的休眠芽开始发动，自出苗至长出4张叶片为萌芽期。

（2）分蘖期（4月下旬至9月中旬）　此时气温上升很快，茭白新株形成后，其所制造的养分和短缩茎中贮藏的养分，将进一步促进分蘖芽的萌发，生长大部分叶片和根系，形成大量的分蘖株。而秋种两熟茭则在8月上中旬将分蘖株从母株基节处分开，分别定植大田。定植时每株保留1~2个带硬薹管的分蘖苗，促其定植后继续分蘖，直至孕茭结束。

（3）秋茭孕茭期（9月下旬至10月下旬）　当旬均气温下降至21~16℃时，植株茎端受菰黑粉菌所分泌的激素刺激膨大形成茭白。成熟的茭白症状为叶鞘"茭白眼"重叠，合抱的假茎明显变扁、变粗，抽生的叶片一片比一片短。

（4）停滞生长期（11月上旬至次年2月下旬）　秋茭采收结束后，旬均气温下降至14~30℃时，植株地上部生长逐渐停止并枯死，分蘖芽、分株芽呈休眠状态越冬。

（5）萌芽期（翌年3月上旬至4月中旬）　茭白越冬休眠后随着气温的回升，再度萌发（同上一年）。

（6）夏茭孕茭期（4月下旬至5月下旬）　当旬均气温上升至16~21℃时，越冬植株因未经分株移栽，每墩有效分蘖数多，菰黑粉菌菌量亦多，因此孕茭早，茭白产量亦高。夏茭采收结束后一般割茬清园，完成1个生长期，等秋季另种新株，此为秋种两熟茭。因此秋种两熟茭从秋季定植至翌年夏茭结束，全生育期为12个月。茭白采收有两季，秋茭产量较低，为小熟，翌年夏茭产量高，为大熟。

2. 春种两熟茭

（1）萌芽期（3月上旬至4月中旬）　这一时期气温与植株变化基本上同秋种两熟茭一致，此期亦是春种两熟茭的分墩定植期。

（2）春夏分蘖期（4月下旬至8月上旬）　随着气温回升的加快，定植后的小茭墩上的分蘖芽加速萌发，生成大量分蘖株并形成新的茭墩，直至秋茭孕茭结束。

（3）秋茭孕茭期（8月中旬至9月下旬）　此时旬均气温在28~21℃，呈逐渐下降趋势，茭白大量孕茭，形成茭白产量高峰。

（4）晚秋分蘖期（10月上旬至11月上旬）　秋茭采收结束后，天气逐渐转凉，植株行有一段适宜生长时期。此时植株上的晚生分蘖芽萌发，形成新的分蘖株，个别分蘖株仍可结茭，但大多以制造养分供给短缩茎和匍匐茎贮藏为主。

（5）停滞生长期（11月中旬至翌年2月下旬）　入冬后，气温下降，地上晚生分蘖株死亡，以地下部根、茎越冬。

（6）萌芽期（3月上旬至4月中旬）　茭白休眠越冬后，翌年随着气温的回升再度萌发（同上一年）。

（7）春分蘖期（4月下旬至5月中旬）　这一时期比上年春夏分蘖期时间短，因此有效分蘖株也没有上年多，此时期一直延续至夏茭孕茭结束。

（8）夏茭孕茭期（5月下旬至7月上旬） 此时旬均气温在21～28℃，且呈逐渐上升趋势，与上年秋茭孕茭期温度升降正好相反，此时期因有效分蘖少，产量往往较低。

夏茭采收结束后割茬清园，春种两熟茭完成1个生长期。但因春种两熟茭是春季直接定植长大，而不同于秋种两熟茭春季育苗（占地较少）秋季定植，因此整个生长期超过15个月。

3. 一熟茭

一熟茭的生长发育同春种两熟茭的第一年基本一致，亦分为萌芽期、春夏分蘖期、孕茭期、晚秋分蘖期和停滞生长期，所不同的是一熟茭的春夏分蘖期长（4月下旬至8月中旬），孕茭期稍短（8月下旬至9月下旬），全生育期为12个月。

（二）栽培技术

1. 秋种两熟茭

（1）秋茭

① 茬口。两熟茭的茬口安排在纯水生蔬菜区，一般采用"藕塘茭"和"接管茭"办法。所谓"藕塘茭"，即选用早熟"花藕"或早出茬的"慢荷"为前茬，于7月下旬至8月中旬定植。"接管茭"则利用前作茭白再种茭白，时间在7月中旬左右，但茭白连作易造成病虫害危害，使产量下降。

② 整地。茭秧定植前首先应平整土地，即将耕翻起的藕茬、茭茬清理干净，并将表土推平。基肥可施优质人粪尿，每亩2500～4000千克，或猪粪每亩1500～250千克。整平后放浅水5厘米左右。

③ 定植。定植前事先将茭秧连根挖起，并进行分苗。一般根据种株墩头大小可分成2～4株，中熟、晚熟品种可分成5～6株，每株必须保持1～2个带硬管的分蘖苗。分苗后铡去过长的叶尖，保留植株高度在100厘米左右（茭白眼上部），以

防定植后风吹倒伏。栽种时间应选在下午 3 时以后，以防止高温天太阳直晒，目的是促进茭秧早成活。

定植方式有等行距和宽窄行栽培两种，而后者有利于通风透光和田间操作，是苏州市茭白生产的特色之一。

④ 追肥。8 月中下旬和 9 月上旬应追施人粪尿 2~3 次，每亩每次 1000~1500 千克泼浇。也可用三元复合肥每亩每次 20~30 千克，以利于增加产量和提高品质。

⑤ 灌水。茭秧定植后水位应较浅，保持在 5 厘米左右，以促进缓苗扎根。以后随着植株的生长分蘖加高水位，生长后期水深 10 厘米以上有利于孕茭。到秋茭收获期，降低水位至 3~5 厘米。收获结束后，天气转冷，茭白地上部枯死，残留薹管变青，依靠植株地下部越冬，此时田面保持一层薄水，并注意整修田埂，防止肥水流失。深烂田要注意排水，轻搁田几天，早春寒，应适当加大水层护苗防冻。

⑥ 折箬。茭白在生长期其外叶会逐渐衰老枯黄，生产中要多次将其剥去，俗称"拆茭箬"。秋茭在定植后 15 天左右开始拆茭箬，每隔 10 天左右进行 1 次，共 2~3 次。拆箬可以清除病叶、老叶，有利于通风透光，促进分蘖和使茭肉肥大。剥下的残叶一般可揉成团踩入泥中作肥料，亦可带出田外销毁。

⑦ 采收。当植株心叶短缩，倒三张大叶片与叶鞘交界处的"茭白眼"明显重叠并束腰，假茎亦显著膨大时为适宜采收期。两熟茭秋收一般在 10 月上旬至 11 月中旬。10 月中旬为盛收期。茭白采收大多分次进行，一般隔 2~4 天采收 1 次，种性好的共收 2~4 次结束。采收次数越少，产量越集中，其种性越好。两熟茭由于秋季生长期短，故产量偏低，一般每亩产水壳 600~750 千克，高的亦可达 1000~1500 千克。

（2）夏茭

① 割叶。两熟茭过冬后于 2 月底前即用快镰刀齐泥割平茭墩，去除枯叶和秋季

残留下的分蘖苗，以促进土中较好的分蘖芽萌发。对长势旺、分蘖力强的株墩要适当深割（泥面下1~2厘米），控制生长，防止分蘖过旺；对长势弱、分蘖力弱的株墩要适当浅割（泥面上1~2厘米），促进分蘖。从全田来看，这样操作也有利于植株生长均匀一致。

② 施肥。夏茭正值气温回升，生长势强，需肥量相应增加。为促夏茭早萌发、早分蘖、多分蘖、早孕茭和提高产量，应注意早施肥、多施肥。一般于12月下旬、3月中旬和4月中旬各施1次肥，每次每亩施有机肥2000~2500千克，并增施硫酸钾20千克或磷酸二氢钾5千克。在采收盛期每亩追施尿素10千克，以提高后期产量。

③ 灌水。早春气温低，应灌浅水，以增加土温促进萌芽。新株生长盛期保持水位在3~5厘米。茭肉开始膨大后，植株需水量增加，加之气温回升，蒸发增加，为保证茭肉质量，应逐步加深水层至10厘米左右。

④ 中耕。夏茭由于分蘖多、长势旺，中耕除草应在植株封垄前进行，并将杂草踩入泥中。还应注意随时清除田埂路边杂草，以减少病虫害危害。

⑤ 采收。夏茭采收因品种不同而异，早熟种5月初始收，到5月底结束；晚熟种6月初始收，可延续到7月上旬止。采收相对集中，一般隔3天收1次，俗称"五天两头打"，以后"四天两头打"，一般采收5~6次。亩产水壳2000~3000千克，高产品种可达4000千克。夏茭因收获后出地换茬，故采收时可连根拔起单株，减少根茬残留。

2. 春种两熟茭

（1）第一年

① 整地。春种两熟茭于春季种植，因而早翻耕、早冻垡，使土壤疏松是促进高产的重要措施。一般耕深20厘米左右，并于2—3月将土块捣碎耙平，施足基

肥。每亩施人粪尿 7500 千克或草塘泥 2500 千克以上。施肥后再浅耙耕一次，然后上水 5 厘米左右。

② 定植。苏州地区栽植时间为 4 月 15—20 日，最迟不超过 4 月底。栽植前先将寄秧的种墩取出进行分墩。一般每小墩带苗 3~4 株。移栽时如苗高超过 50 厘米，可将超过部分叶片割去，以防风倒伏，利于活棵。定植后的田水深度保持在 2~3 厘米。

③ 管理。茭白的产量是由每亩墩数、每墩分蘖数、成茭率和单茭重这 4 个因素决定的。根据生产经验，一般每墩有分蘖 20~24 株，最多不超过 25 株，其中有效分蘖控制在每亩 2 万个左右。叶面积指数为 6，亩产量即可达到 1250~1500 千克。7 月底至 8 月中旬为高温、病虫害多发季节，要加强防控。8 月中下旬进入孕茭期，加强水浆管理，要掌握浅水栽插、深水活棵、浅水分蘖、中后期水深逐步加深，采茭期深浅结合及湿润越冬的原则。尤其 6 月底当每墩分蘖数达 25 株后应加深水位到 10 厘米，以控制无效分蘖的生长。到 7—8 月份高温季节可将水深加深到 15 厘米，此时如用冷水灌溉还可促进早孕茭。8 月中下旬孕茭后，为保证茭肉色白、肥嫩，水深可加到 20 厘米，但采茭时仍应排水 1 天，以后再加深水位，这样干湿交替可以获得高产。

在基肥不足时，可分批追肥。分蘖肥要结合耘田重施；6—7 月植株长粗阶段，要保持植株清秀老健，既不生长过旺，也不过分落黄，适当补肥；8 月下旬全田有 20%以上茭墩出现扁秆时再重施孕茭肥。一般分蘖肥和孕茭肥每亩可追施有机肥 4000 千克，硫酸钾 15 千克左右。采收后期可增加尿素、碳酸氢铵等速效氮肥，前者每亩 10~15 千克，后者每亩 50 千克。

④ 采收。春种两熟茭的秋茭采收多在 9 月中旬并延长到 10 月中旬。由于其生育期长，产量也比较高，一般亩产水壳 2000~2500 千克。

此外，苏州地区杼子茭也可按春种两熟茭栽培，4月定植，10月中旬至11月上旬采收，一般亩产水壳2000千克。

（2）第二年

① 割叶。秋茭收完后，于12月份用快镰刀齐泥割平茭墩，并挖出雄茭和灰茭。

② 补缺。割叶后田间应及时增墩、补缺。对生长势弱、分蘖苗少的茭墩也应适当补缺。此外，由于第二年夏茭生育期较上年秋茭生育期短，植株矮，叶片少，开展度小，为提高夏茭产量，亦可以加大茭墩密度，一般采取隔行增加一行茭墩的办法。

③ 疏苗。为防止夏茭墩头苗数过多，一般要疏苗2次，第一次在3月底至4月初，第二次间隔10天左右，最后每墩控苗在18~20株。

④ 灌水。秋茭采收结束后，茭田保持水位在1~2厘米或潮湿状态。越冬期保持水位在1~2厘米。2—3月气温回升，水层增至2~3厘米。随着植株的长高，逐渐加深水位到10厘米左右。

⑤ 追肥。5月中旬植株进入孕茭期，生长发育加快，需肥量增加。本着早施肥和逐渐增加施肥量的原则，1月下旬至2月下旬和4月中旬各施肥1次，每次每亩施有机肥2000~2500千克，并增施硫酸钾20千克。粪肥采用泼浇，化肥采用撒施。在6月采收盛期每亩追施尿素10千克，以提高后期产量。

⑥ 中耕。夏茭由于分蘖多，长势旺，中耕除草应在植株封垄前进行，边拔边踩入泥中沤烂作肥料。

⑦ 采收。春种两熟茭的夏茭采收期为第二年的5月下旬至7月上旬，盛收期为6月份，一般亩产水壳2000~2500千克。

3. 一熟茭

一熟茭的栽培技术与春种两熟茭的第一年栽培方法基本相同，其品种有"白种""寒头茭"等。定植方式采用宽窄行,宽行距 80 厘米,窄行距 50 厘米,株距 50 厘米。亦可采用等行距栽培,行距 80 厘米,株距 40 厘米,亩栽 2000 株左右。

一熟茭品种大多于 9 月份采收,早熟种提前在 8 月下旬采收,晚熟种可延后到 10 月中旬采收,一般亩产水壳 800~1000 千克。

一熟茭在秋季采收后,以土壤中的根、茎越冬,越冬期田间保持 1~2 厘米浅水,于第二年开春割去枯叶,促其萌发新株,4 月份再次移栽,如此周而复始。

(三)病虫防治

1. 病害

(1) 茭白胡麻叶斑病

① 症状。又称"茭白叶枯病"。在茭白整个生长期均可发生。发病初期,在叶片上出现黄褐色小点,随着病情的发展,逐渐扩大为椭圆形芝麻大小的褐色斑。病斑周围常有黄色晕圈,后期病斑边缘为褐色,中间呈黄褐色或灰白色,严重时病斑连成不规则大斑,湿度大时,表面生暗灰色至黑色霉状物。植株缺氮,病斑较小;缺钾时病斑较大,且有较明显轮纹。

受害叶片由叶尖向下干枯,后期常引起叶片半枯死至全枯死。

② 侵染途径和发病条件。以菌丝体和分生孢子在茭白残叶上越冬。次年 5—6 月,分生孢子随风雨飘落在茭白田中。孢子萌发时,菌丝由气孔或直接由表皮侵入,为害夏茭。以后产生的大量分生孢子随气流或雨水进行多次再侵染,并逐渐危害秋茭。菌丝的生长温度为 5~35℃,以 28℃最适宜;分生孢子形成的温度为 8~33℃,以 29~31℃最适宜。孢子萌发时不仅需要有水滴,而且要求 92% 以上的相对湿度;若无水滴,在相对湿度 96% 以下尚不能完全萌发。

胡麻叶斑病在秋茭上的始发期为 6 月下旬至 7 月初,7 月 10 日左右进入盛发期,病情发展较快,7 月 20 日左右至 9 月上旬出现发病高峰,9 月中旬后病情发展开始减缓，1月中旬停止发展。土壤偏酸缺钾和锌，长期灌深水缺氧，管理粗放或生长衰弱的茭白田发病重。高温多湿的天气，茭白连作田，偏施氮肥徒长，造成田间通风透光性不良，可使病害加重。

③ 防治方法。

A. 结合冬前割茬，收集病残老叶集中烧毁，减少菌源。

B. 加强肥水管理，做好冬季施腊肥，春施发苗肥，适时喷施叶面肥，特别注意补充磷钾肥和锌肥，促早发，使之壮而不旺，旺而不徒长，增强茭株抗病力。

C. 及早喷药预防控病。从分蘖末期开始或在发病初期喷施25%施保克乳油1000~1500倍液，或50%扑海因悬浮剂600倍液，或50%"多·硫可湿性粉剂"500~600倍液，或40%福星乳油5000倍液。每隔10天喷1次，连续防治2~3次。

（2）茭白纹枯病

① 症状。主要为害叶片和叶鞘，分蘖期至结茭期易发病。发病初期，在近水面的叶鞘上产生暗绿色水渍状椭圆形小斑，后扩大呈云纹状或虎斑状大斑。病斑边缘深褐色，与健组织分界明晰。病斑中部淡褐色至灰白色。病斑由下而上扩展，延伸至叶片，使叶片出现云纹状斑。严重时叶鞘、叶片提早枯死，茭肉干瘪。病部常有灰白色蛛丝状物，即菌丝体。后期病部有茶褐色萝卜籽粒状的菌核。

② 侵染途径和发病条件。主要以菌核或菌丝体残留在土中、病残体上或田间杂草等上越冬。病菌借菌丝攀缘接触扩大侵染危害，或菌核借水流传播。菌核的存活力很强，遗落在土中的菌核可存活1~2年。病菌的生长温度为10~40℃，适宜温度为28~32℃。田间遗落的菌核量多，茭白生长期遇高温高湿，田间长期深灌水，过分密植，田间通风透光性差，偏施氮肥生长过旺，有利于病害发生。

③ 防治方法。

A. 重病区实行3年以上水旱轮作。

B. 植前清除菌源。在茭田翻耕耙平后，清除下风向田边和田角的"浪渣"，带出田外烧毁或深埋，以减少菌源，减少茭白前期发病可能。

C. 加强肥水管理，施足基肥，适当增施磷钾肥，前期促进分蘖，中期控无效分蘖，后期施催茭肥促孕茭。水浆管理上采取前浅、中晒、后湿润的原则，以水调温，以水调肥。

D. 合理密植，及时摘除下部黄叶病叶，改善植株间通透性。

E. 发病初期及时喷药，可用40%多菌灵井冈霉素悬浮剂500~700倍液，或16%"噻嗪酮·井冈霉素悬浮剂"800~1000倍液，或5%井冈霉素水剂50~100毫克/升液，或20%纹枯净可湿性粉剂800~1000倍液喷洒。每隔10~15天喷1次，共防治2次。

（3）茭白锈病

① 症状。为害叶和叶鞘。发病初期，在叶片及叶鞘上散生黄色隆起的小疱斑，疱斑破裂后，散出锈色粉状物，为病菌夏孢子堆；后期病部出现黑色短条状疱斑，表皮不破裂，为冬孢子堆。严重时导致叶鞘叶片枯死。

② 侵染途径和发病条件。以菌丝体及冬孢子在病株残体上越冬。田间病株及其病部产生的夏孢子堆为再次侵染源和接种体，不断侵染发病蔓延。夏孢子借气流传播。生长期高温多湿、偏施氮肥，都有利发病。

③ 防治方法。

A. 清除病残株及田间杂草。

B. 增施磷钾肥，避免偏施氮肥。

C. 高温季节适当深灌水，以降低水温和土温，控制发病。

D. 发病初期及时喷洒15%三唑酮可湿性粉剂800~100倍液，或50%"多·硫可湿性粉剂"500倍液，或25%敌速净乳油3000倍液，或20%"福·腈菌唑可湿性粉剂"2000~3000倍液。每隔10~15天喷1次，交替用药，连续防治2次。

(4) 茭白黑粉病

① 症状。受害茭株长势弱，叶片变宽，叶色深绿，叶鞘发黑，不开裂，茭肉短，外观常有短黑条状斑或小黑点。纵切可见黑色短条状斑（病菌未成熟的孢子堆）或散出黑粉（病菌成熟的孢子堆），黑色斑点长达12毫米。严重时茭肉为一包黑粉，成为灰茭，不能食用。

② 侵染途径和发病条件。以菌丝体或厚孢子潜伏于地下茎内越冬。翌年开春，茭白新芽萌发，菌丝即由母茎侵入芽内，或由越冬的厚垣孢子产生小孢子侵入嫩茎，随着茭白的生长扩展到生长点。病菌在新陈代谢过程中产生吲哚乙酸，刺激茭白嫩茎，使其基部膨大呈纺锤形，菌丝在膨大的茭茎内纵横蔓延，茭白嫩茎即出现许多黑色短条状斑，后期则形成能散出大量黑粉病菌的厚垣孢子团。该病多由种茭带菌引起，故如果选留种不当，病害就重；其次，如果茭白分蘖过多或茭白田块缺肥及灌水不当，往往灰茭就多。

③ 防治方法。

A. 选用健壮和未见黑粉菌孢子堆的植株留种。

B. 加强田间管理。及时做好茭墩清选工作。春季要割老墩，压茭墩降低分蘖节位。在老墩萌芽初期，应及时疏除过密分蘖，促萌芽整齐。

C. 管好水层。分蘖前期灌浅水，中期适当搁田，高温时深灌水，抑制后期分蘖。

D. 合理施肥。施足基肥，前期及时追肥，促分蘖；高温控制追肥，防徒长；夏秋季及时摘除黄叶、病叶，改善植株间通透性。

(5) 茭白瘟病

① 症状。又称"灰心斑病"。主要为害叶片。病斑分急性型、慢性型、褐斑型

等3种。急性型病斑大小不一，似圆形，两端较尖，暗绿色，湿度大时病部叶背面有灰绿色霉层。慢性型病斑梭形，边缘红褐色，中间灰白色，病斑两端常有长短不一的坏死线，湿度大时产生灰绿色霉。褐斑型病斑在叶片上出现褐色小点，外缘无黄色晕圈，常在高温干燥的气候下，老叶上易发生，致使叶片变黄干枯。

② 侵染途径和发病条件。以菌丝体和分生孢子在病残体、老株或病草上越冬。翌年春暖后产生分生孢子，借助风雨、水流和昆虫等传播。病菌以随风雨传播为主，从表皮直接侵入致病，产生分生孢子进行再侵染。发病适宜温度为25~28℃。高湿有利于分生孢子形成、飞散和萌发，特别是阴雨连绵、日照不足、台风多的季节，有利于病害发生。氮肥施用过多，植株徒长，或过分密植，株间郁蔽则发病重。品种间有一定差异，一般早熟茭发病轻。

③ 防治方法。

A. 结合冬前割墩，及时收集病残物烧毁，以减少菌源。

B. 因地制宜，选用抗病丰产品种。

C. 加强管理，增强抵抗力。配方施肥，避免偏施氮肥，增施磷钾肥和锌肥，防止茭株徒长，减少硅化细胞。在水层管理上，避免茭田长期深灌水，注意适时适度搁田，促进根系活力，增强茭株抗病力。

D. 及早喷药防病。发病初期可选用25%施保克乳油1000倍液，或13%"三环唑·春雷霉素可湿性粉剂"400~500倍液。每隔10~15天喷1次，连续防治2次。

2. 虫害

(1) 大螟

① 特性。又名"稻蛀茎夜蛾"，属鳞翅目夜蛾科。寄主为茭白、玉米、水稻、小麦、油菜、甘蔗、蚕豆、向日葵、稗草、看麦娘、早熟禾等。

② 为害症状。以幼虫蛀食茎和心叶，造成枯心苗和枯茎，减少基本苗。在结

茭期蛀入肉质茎，造成枯茎和虫蛀茭，影响产量和品质。为害后的茭白上虫孔大，外有大量虫粪。大螟为害常在田岸四周1.5米处发生。

③生活习性和发生规律。成虫白天躲在杂草中，夜出活动，有趋光性，羽化多在晚上8~9时进行。雌蛾经交尾后2~3日产卵，产卵期6~7日。产卵高峰期出现在羽化后3~5天。1头雌蛾常产卵4~5块，多的15块，每块有卵45~65粒。成虫有趋向田边产卵的习性，第一代卵都产在田边看麦娘、游草、早熟禾等杂草的叶内侧。孵化后蚁蚁聚集在杂草上为害。幼虫分6龄，3龄后转株为害茭田周边1米左右的墩茭苗。蛀孔在距水面10~25厘米处的叶鞘上，虫孔外有许多虫粪，造成枯心死，幼虫可转株为害。幼虫期28~32天。老熟幼虫在"枯心死"的半枯叶鞘、叶柄内化蛹。预蛹期1~2天，蛹期9~15天。

在长江下游流域每年发生3~4代，以老熟幼虫在茭墩、玉米秆、稻桩、麦田杂草根部或土缝内越冬，4月间化蛹。由于越冬场所不同，发育进度不一致，第一代在5月上旬至5月中旬初和5月底出现两个发蛾高峰，夏茭受害。第二代发蛾高峰在7月上中旬，为害盛期在7月下旬，秋茭受害，产生枯心死，影响在田苗数。第三代发蛾高峰在9月上旬，造成秋茭的蛀茭、虫茭，老熟幼虫为越冬虫源。

④防治方法。

A. 压低越冬虫口基数。冬前割墩时清除茭白病残体，开春后铲除田边和水沟边杂草，消灭越冬幼虫。

B. 消灭产卵场所。在大螟产卵盛期前用10%草甘膦水剂或41%农达水剂防除茭田四周杂草。

C. 掌握在卵孵化高峰期和蚁螟转移高峰期用药。药剂用20%稻螟特（阿维·晶敌）乳油每亩60毫升加25%杀虫双水剂250克再兑水200千克，或25%杀虫双水剂每亩0.5千克兑水200千克，向田四周2米左右的茭白墩内大水泼浇。

(2) 二化螟

① 特性。又名"钻心虫""蛀心虫",属鳞翅目螟蛾科。寄主为茭白、水稻、玉米、小麦、甘蔗、蚕豆、稗草、芦苇及禾本科杂草。

② 为害症状。初孵化的幼虫聚集叶鞘为害,后从叶鞘外侧蛀入茭白植株内。蛀孔呈紫褐色水渍状斑,蛀孔处虫粪少。为害茭苗形成枯心,长大的茭白蛀孔处叶鞘变色,形成虫伤株。

③ 生活习性和发生规律。成虫有趋光性。卵喜产在高大、嫩绿的茭叶背面。每头雌蛾可产 5~6 个卵块,约 300 粒。第一代卵期 7~8 天,第二、第三代卵期 3.5~5 天。卵块分布于全田,故幼虫为害在田间分布也较分散。孵化后,蚁螟向下爬行,从叶鞘外侧蛀入,蛀孔距水面 10~25 厘米。初龄幼虫有群集性,长大后逐渐分散为害。幼虫期 25~44 天,蛹期 7~13 天。化蛹场所及为害情况与大螟相似。

在长江流域一年发生 2~3 代,以幼虫在茭白、水稻等寄主植物的根茬和茎秆中越冬。江浙一带 4—5 月可见第一代成虫,于 5 月 20 日左右和 5 月底 6 月初出现两个羽化高峰,5 月下旬至 6 月上中旬为幼虫为害期,造成枯鞘、枯心、虫蛀茭;第二代发生在 7 月间;第三代发生在 8 月下旬至 9 月初,造成茭白枯心死、蛀茭、虫茭。

④ 防治方法。参见大螟的防治方法。在施药上掌握蚁螟盛孵期用药,可选用 36%稻螟敌乳油每亩 100 毫升加 35%"毒•乙酰可湿性粉剂" 120 克,或 25%杀虫双水剂每亩 0.5 千克,或 98%杀螟丹可湿性粉剂每亩 40~50 克,分别兑水 200 千克,大水泼浇。

(3) 长绿飞虱

① 特性。又名"蠓飞子",属同翅目飞虱科。寄主为茭白、野茭白、水稻等。

② 为害症状。成虫、若虫聚集在叶背吸取叶汁液,叶片受害初期呈黄白色至

淡褐色或棕褐色斑点，后期叶片从叶尖向基部渐变黄干枯，排泄物覆盖叶面形成煤污状，严重时植株成团枯萎，生长缓慢，不能结茭，整株枯死。

③ 生活习性和发生规律。若虫和成虫有群集性，有较强的趋嫩绿性，大多栖息在心叶和倒二叶上的中脉附近。成虫能作短距离飞行，有趋光性，喜在嫩叶叶肋背面肥厚组织内产卵。每头雌虫可产卵 150 粒左右，产卵历期一般为 12 天。昼夜均可产卵，以白天 11—15 时产卵最多。若虫分 5 龄，历期 38 天。成虫寿命 3~7 天。20~28℃对其生长发育及繁殖有利，超过 33℃时，卵、若虫发育受抑制。越冬卵抗寒性较强，并有一定抗水性。该虫还能传播病毒病。

在长江中下游流域一年发生 5 代，以卵在茭白、野茭白和蒲的枯叶中及叶脉、叶鞘内滞育越冬。翌年 3 月底至 4 月底陆续孵化，并为害夏茭。全年长绿飞虱在田间形成 4 个为害高峰。第一为害高峰在 5 月上旬至 5 月中旬，主要造成夏茭的局部受害。第二为害高峰在 6 月中旬至 6 月底，主要由第二代和少数早发育的第三代引起，为害夏茭、秋茭，以秋茭为主。第三为害高峰在 7 月中旬至 8 月初，主要由第三代和部分第四代引起，总虫量为第二代的 2~3 倍，为全年的防治关键。第四为害高峰在 8 月中旬至 9 月中下旬，主要由第四代和第五代引起，发生量大，发生时间长，为害重，必须重点防治。

④ 防治方法。

A. 冬季清除茭白残体，降低越冬卵量基数。

B. 掌握第三代在夏茭上的产卵高峰时期，及时割除茭白残体，消灭虫卵。

C. 8 月上旬对秋茭打黄叶，既可降低虫卵量，又可增加田间通风透光性，造成不利于成虫、若虫的生存环境。

D. 药剂防治。掌握在低龄若虫期用药防治。可选用 10%吡虫啉可湿性粉剂每亩 10~20 克，或 10%蚜虱吡灭（吡·扑）可湿性粉剂每亩 20 克，分别兑水 250 千克进行大水泼浇，或兑水100千克喷雾。还可用70%艾美乐水分散颗粒剂20000~30000倍液，或48%毒死蜱乳油1000~1500倍液喷雾。

（4）白背飞虱

① 特性。属同翅目飞虱科。寄主为茭白、水稻、玉米、大麦、小麦、甘蔗、高粱、紫云英及稗草、看麦娘等禾本科杂草。

② 为害症状。成虫、若虫刺吸寄主汁液，被害处出现淡褐色至棕褐色针头大小的斑点。严重时叶片变枯黄，引起煤烟病，影响光合作用，茭肉细而少，产量降低，品质变差。

③ 生活习性和发生规律。成虫具趋光性，长翅型成虫飞翔力强。每头雌虫产卵85粒左右，产于叶鞘中脉内，单行排列，卵帽不外露。卵期7~11天。若虫共5龄，若虫期20~30天。成虫寿命16~23天。田间各代种群增长2~4倍，田间虫口密度高时即迁飞转移。

在长江中下游流域一年发生4~7代。属迁飞性害虫，最初虫源从南方迁飞而来。第一代发生在4月下旬至5月下旬，第二代发生在6月下旬至7月中旬，第三代发生在7月下旬至8月中旬，第四代发生在8月下旬至9月上旬，第五代发生在9月中旬至10月。在茭田发生世代重叠，以第三代危害最重。

④ 防治方法。参见长绿飞虱的防治方法。

（四）加工技术

1. 冷藏保鲜

本文综合介绍无锡市蔬菜公司和苏州市蔬菜公司于20世纪80年代利用高温冷库贮藏新鲜茭白60天，商品率达98%，品质、风味保持不变的主要经验和技术要点。

（1）原料选择　所选茭白原料应充分长足，茭肉洁白，质地柔嫩，无病虫害，叶鞘包裹茭肉紧，不开裂，选择时剔除二青茭、灰茭等。茭白可选用夏茭或秋茭，

因冬季茭白在露地不能生长，故秋茭冷藏保鲜意义更大，效益更好。秋茭采收时间以10月中下旬为宜。

（2）预处理

① 选用水壳茭白贮藏，基部保留1~2节薹管，水壳长40厘米左右。

② 装入塑料周转箱（铁丝筐）内，入库预冷20小时，避光，一般降温至5℃以下。

（3）贮藏

① 保湿。利用托盘货架进行堆码，每层4筐，计6层24筐，外罩0.12毫米厚地膜套保湿。底膜与帐膜用木夹夹紧，帐子上面安装气门孔，这样既可保持良好的气密性，又可利用气孔调节帐内气体，操作较简便。

② 控温。冷库气温应保持在0~2℃。采用聚乙烯薄膜帐贮藏以0℃为宜。但应注意避开风机，以防冻伤。

③ 气调。维持聚乙烯薄膜帐内的二氧化碳气分压在11%~16%，以减少茭白呼吸造成的损耗，减轻病害发生。

2. 脱水干制

茭白脱水分晒干和烘干两种。

选用新鲜茭白肉，切成细丝或切成薄片，经沸水（加少量食盐）煮2~5分钟后捞出沥水晾干，再经太阳晒干或经烘箱烘干。企业化生产则用隧道式脱水设备烘干。此外，也可将新鲜茭白肉整条用淡盐沸水煮5~8分钟后晾干，再撕成条，在太阳下晒干。晒干后的成品应立即装入聚乙烯薄膜袋中密封防潮保存，食用时再取出，用温水浸泡1~2小时后烹调。

3. 盐渍加工

选择鲜嫩茭白，剥壳，削去老头、青皮、嫩尖，入缸（池）用盐腌渍。初腌时每 100 千克茭白加食盐 5~7 千克,腌 24 小时后翻缸(池),再加食盐 18~20 千克,分层铺撒,压紧,顶面再盖一层盐,并用石块压紧。数日后,卤水可淹没茭白。在盐渍期间应注意遮光,并检查卤水是否将茭白浸没。如卤水不足,可另配盐水加入,至浸没茭白。

因盐渍茭白盐度过高,食用时必须先浸泡数日漂洗脱盐,再行烹调。

4. 加工保鲜

苏州市蔬菜研究所于 20 世纪 80 年代中进行了保鲜茭白的出口,其技术要点如下。

(1) 品种选择 应采用茭肉洁白、质地致密的苏州蜡台茭、吴江茭、白种,浙江杼子茭等。

(2) 简易加工 由于水壳茭白外带叶子和叶鞘,产品质量不易保证,尤其蚜虫、螟虫很易残留其中,因此保鲜出口茭白应剥去外叶和叶鞘,仅在顶端保留 1~2 张心叶,并剔除灰茭、二青茭、畸形茭、虫咬以及伤残茭。再用刀去根,去薹管,将基部削平。茭白的长度、粗度及单茭重因品种而异,一般长度为 30~40 厘米(可食部分 20~35 厘米),粗 2~4 厘米,单茭重 50~100 克。

(3) 包装、运输、保鲜 茭白用聚乙烯薄膜袋及纸箱包装,每袋 500 克(或 1000 克),每箱 20 袋(或 10 袋),每箱计 10 千克。纸箱尺寸:长 73 厘米,宽 37 厘米,高 20 厘米。该产品可空运,采用冷藏集装箱运输者应先将原料作预冷处理,冷藏箱温度在 0~2℃,每标准箱可装 420 箱左右。

5. 速冻冷藏

茭白速冻技术的技术要点如下。

(1) 原料选择 选用符合加工规格的新鲜茭白,要求茭肉洁白、质地致密柔嫩,无病虫害,剔除灰茭、二青茭等。

（2）前处理

① 去壳。用小刀轻轻划破茭壳，注意不能划伤茭肉，然后剥去壳，随即放入盛有清水的容器内，注意避光避风，以免发青。

② 分等级整理。茭肉根据需要可加工成整枝、丁、丝、片等规格，将剥好的茭肉切去根部不可食用部分，修削略带青皮的茭肉，剔除不符合加工要求的茭肉。整枝规格可按长度分成大、中、小等3个级别，即18~22厘米，14~18厘米，12~14厘米；茭白丁规格一般为1厘米×1厘米×1厘米。在加工过程中尽可能不脱水。

（3）热烫杀青　根据茭肉的规格大小决定热烫时间，一般整枝的茭肉放入沸水中热烫5~8分钟，茭肉丁为2~3分钟，使茭肉中的过氧化物酶失活即可。然后将热烫后的茭白迅速放入3~5℃的清水中冷却，使茭白中心温度降到12℃以下。用振动沥水机沥去表面水分，整枝茭肉沥水要求不高，可置漏水的容器中自然沥水。

（4）速冻、包装　经冷却后的茭肉采用流态水速冻装置或螺旋式速冻装置，达到单体快速冻结（IQF），保持新鲜茭肉的风味。根据茭肉的规格决定冻结所需要的时间，使产品中心温度达到-18℃以下。称重后一般用聚乙烯塑胶袋包装，然后放入瓦楞纸箱，常用的包装规格为每箱5000克×20包。包装间温度要求在12℃以下，以免产品回温，影响质量。

（5）冷藏　经速冻包装好的产品，迅速放入储藏冷库，冷藏库温度要求保持在-24~-18℃。

五、莲

（一）生长发育

莲藕一般采用膨大的根状茎进行无性繁殖。与大多数植物不同，莲藕在初期是先叶后花，中期是花叶同出，陆续开花，陆续结果，终花后才结藕，营养生长贯穿于它的整个生长发育周期。莲藕的生长发育一般可分为幼苗期、成苗期、花果期、结藕期和越冬期等 5 个时期。而藕莲和子莲因其生长类型不同,生育期亦有一定的差别。

1. 藕莲

(1) 幼苗期(3 月下旬至 4 月上旬) 从种藕根状茎萌动到第一片立叶长出为止为幼苗期。当平均气温上升至 13~15℃时,莲藕顶芽开始萌动,这时是莲藕定植的最佳时期。定植 5~7 天后抽生第一片叶。长江中下游地区,一般 3 月下旬到 4 月上旬,莲藕开始萌动出浮叶,4 月下旬到 5 月上旬开始抽生立叶。幼苗期浮叶的生长以及地下茎初期生长所需要的营养,主要由种藕贮存的养分提供。一般而言,生长环境水深,浮叶抽生多,立叶抽生迟;生长环境水浅,浮叶抽生少,立叶抽生早。

(2) 成苗期(5 月下旬至 7 月中旬) 从立叶抽生到现蕾为止为成苗期。这一时期,抽生的叶片直立生长,即立叶,地下茎节间变长增粗,生长速度加快,节上须根扎入土中吸收养分。莲藕地上部分和地下部分同步生长,叶片数不断增多,总叶面积迅速增大,光合作用增强,营养物质的形成与积累也加速,根状茎平均 7 天左右生长 1 节,并抽生 1 片新叶,同时根状茎每一节又可不断生长、分枝,在短期内形成庞大的营养体系。

(3) 花果期(7 月下旬至 10 月上旬) 从植株现蕾到抽生终止叶为止为花果期。长江中下游地区,露地栽培,一般 7 月初现蕾开花,7—8 月进入盛花期。这一时期营养生长和生殖生长同步进行,蕾、花、果、叶并存,荷花陆续开放,群体花期可长达 2~3 个月,但因品种不同,花期、开花数量各异。

(4) 结藕期 从后栋叶出现到植株地上部分正常枯黄为止为结藕期。后栋叶是莲藕结藕前的一片叶,叶大,叶柄高而粗。后栋叶出现的节位因品种、栽培条件而

异,大部分品种在主茎抽生第八至第九片立叶以后出现。此时,植株不断积累养分并向地下根状茎转运,地下根状茎的先端开始由水平生长转向斜下方生长,节间逐节缩短和膨大,形成新藕,称为"结藕"。每一支藕从开始膨大到全藕膨大定型需30天以上。一般情况下,早熟品种比迟熟品种结藕早,浅水栽培比深水栽培结藕早,设施栽培比露地栽培结藕早,高密度栽培比低密度栽培结藕早。

(5)越冬休眠期(10月中旬至翌年4月上旬) 从莲藕地上叶片开始正常枯黄到第二年春天地下莲藕萌动为止为越冬休眠期,也称"休眠期"。越冬期的特点是除了莲藕在土壤中休眠外,其他部分均已枯黄,生命活动微弱。栽培上要求田间保持浅水,防止泥冻裂伤及种藕,对减少腐败病的危害有较好的效果。莲藕从种藕萌发到新的种藕形成并采收,全生育期为180天左右。

2. 子莲

子莲的生长发育时期同藕莲基本相同,亦分为萌芽期、茎叶生长期、根茎膨大期、开花结果期和越冬休眠期等5个时期。所不同的是子莲的茎叶生长期长,从5月下旬至8月下旬,相应所开的花亦多,产的莲子亦多,而根茎膨大期则延后到9月上旬至10月下旬。由于子莲的主要产品是莲子,养分消耗多,故其藕形较小,大多不堪食用。

(二)栽培技术

1. 浅水藕栽培

(1)藕田选择

种植浅水藕应选择土壤肥沃、排灌方便、土壤保水保肥能力强、光照充足的田块。

① 土壤有机质含量1.5%以上,土壤松软,保水保肥能力强。

② 灌水、排水有相对独立的沟渠,最高水位不超过30厘米。

③ 土壤以富含有机质的腐殖土最为适宜，黏质土、重壤质土均能生长。

④ 耕作层深 20~30 厘米，肥力较高，有隔层，不漏水。土壤 pH 在 5~7.5，无污染。

浅水藕种植，与茭白、荸荠、慈姑、水芹等水生蔬菜轮作，或实行藕—陆地瓜菜、藕—晚稻轮作模式，可以改善土壤微生态环境，减轻病虫危害，促进优质增产。

（2）品种选择　浅水藕种植，目的是早上市，抢占深水藕采收以前的市场空当。所以在品种选择上，应以入泥浅、品质优、抗性强的早中熟品种为主，根据市场需求合理搭配早、中熟品种比例，合理搭配大棚栽培、小拱棚栽培和露地栽培面积的比例。

（3）种藕选择　选择能保持优良品种特征特性的主藕或 250 克以上的健壮子藕作种藕，要求顶芽完整，藕头饱满，色泽鲜亮，无检疫病虫害。种植时，要随挖、随运、随种；主藕与子藕分株做种，并注意保护好顶芽、侧芽。种藕用量因品种不同、栽培模式不同差异很大。一般品种露地栽培用种量在 200~400 千克/亩；早熟、特早熟品种高密度露地栽培用种量在 500~800 千克/亩；高密度设施栽培用种量可达 800 千克/亩以上。

（4）整地施肥　前茬作物采收完后，种植田块深耕日晒，培肥地力。移栽前 7~10 天，每亩均匀施入腐熟厩肥 2000~2500 千克，新鲜熟石灰 50 千克。若有机肥是肥力较高的鸡粪或油菜籽饼肥，则减为 300~500 千克，但必须完全腐熟。深耕用大中型拖拉机为宜，灌水深耕 20 厘米以上。

（5）定植

① 施好面肥。移栽前 1 天，施好耙面肥，耙平田面。每亩施碳酸氢铵 100~150 千克、过磷酸钙 50~75 千克、硫酸钾 10 千克，缺硼的地区加施硼砂 1 千克，缺锌

的地区加施硫酸锌 1 千克。

② 适时定植。当气温回升到 15℃ 以上时定植，长江中下游地区多在 3 月中旬到 4 月上旬定植。定植时间在苏州地区多为 4 月中下旬，最晚至 5 月上旬。定植密度因品种和要求上市时间早晚而异。其中早熟品种比晚熟品种密度高，要求早上市品种比晚上市品种密度高。如苏州花藕、鄂莲 1 号等早熟品种，常规栽培定植密度为行距 2~2.5 米，穴距 0.8~1.0 米，每穴排放子藕 1 支；高密度早熟栽培，行距 1~1.5 米，穴距 0.3~0.6 米，每穴排放种藕 1 支。中熟品种，定植密度为行距 2~2.5 米，穴距 1.5~2 米，每穴排放种藕 1 支。田块四周 1~2 行种藕的藕头全部朝向田块中间，田内定植行从两边相对错位排放，最中间相对行的行距加大至 3~4 米。田土较深的宜采用平栽法，田土较浅的多采用斜栽法。

(6) 田间管理

① 及时补苗。第一张立叶抽生前后，在阴雨天或晴天下午 4 时以后，带土移栽补苗。补苗宜早不宜迟。

② 分次追肥。以采收青荷藕为目的的田块，一般施足基肥，追肥 2~3 次即可。第一次是在 70% 的植株第一张立叶展叶期施入，每亩施尿素 5~10 千克，以促进植株生长。第二次是在荷叶封垄前施入，施复合肥 10~20 千克。第三次是在结藕前施用，每亩施用复合肥 20~30 千克，尿素 10~15 千克、硫酸钾 10 千克。每次施肥前，以把藕田水位降低到 3~5 厘米为宜。

③ 水分管理。浅水藕的水分管理一般由浅到深，再由深到浅。定植后保持水位在 3~5 厘米，以后逐渐加深到 10~15 厘米，藕膨大期水位降至 3~5 厘米，挖藕时再加深到 10 厘米左右，以使土壤疏松，便于挖取。对于留种藕应加深水位，以保证其安全越冬。

④ 中耕除草。危害莲藕的草害主要有青苔、浮萍及其他杂草。青苔多在早期

为害,每亩用硫酸铜和生石灰各 250 克加水 50 千克,在行间空档处喷洒防治。浮萍,在露水干后每亩撒施熟石灰 50~60 千克防治。藕田除草,在生长前期以人工拔除或盖草为主,在生长中期灌水 10 厘米以上深水除草,到生长后期可养萍除草。

⑤ 转藕头。当立叶长到距离田边 100 厘米左右时,应及时转藕头,以防莲鞭长出田外或导致品种混杂。转藕头以晴天下午操作为好,先挖好种植沟,然后挖出前端立叶弯转莲鞭,小心放入种植沟后,以松软的土壤覆盖。

（7）采收　露地栽培,一般收获较早,因其品质好,多以嫩藕上市。苏州地区花藕在 7 月中旬始收,慢荷 8 月上旬始收。在挖藕前 1~2 天,应先将完整的绿色功能荷叶摘下,经摘叶后的藕皮色会由黄转白,有利于提高品质。挖藕时应注意认准藕身位置,先将藕身周围泥土挖起,再慢慢将整支藕挖出。

老熟藕在荷叶枯黄后至第二年 3 月份均可采挖。若田间水位较深,早春放养浮萍,可延后至 4—5 月份采收。老熟藕全田挖完,翻耕、整地、施用足量肥料后重新栽种。

（8）越冬管理　田藕提倡保湿过冬,应防止田土冻裂或雪水下渗而冻伤种藕。如果水源不足,确须干燥过冬,可以覆盖稻草等。

（9）留种　田藕留种,应选择具有本品种特征特性的种藕,其栽培密度应比一般大田稀。种藕必须留在大田内越冬,在春季种植前随采、随选、随栽。

2. 浅水藕设施栽培

浅水藕设施栽培模式,在藕田选择、种藕选择及越冬管理等方面,参考浅水藕露地栽培模式。通过棚膜覆盖增温,采收时间提早 10~45 天,可实现一年两收,所以这种模式又叫"双季栽培",增产增收效果显著。田藕设施栽培,主要包括小拱棚、中棚和大棚塑料薄膜栽培。小拱棚栽培成本低,操作简单,但增温效果较差,采收时间比露地栽培提早 10 天左右。大棚栽培增温保温效果最好,覆盖期长,采

收时间比露地栽培提早30~45天，经济效益十分显著。这里主要介绍大棚栽培。

（1）搭棚　在搭棚之前施足基肥，要求用大中型拖拉机旋耕，深浅要均匀。大棚一般棚宽6米及以上，高2~3.3米，棚间间距0.5米，棚内定植行距1.5~1.6米，穴距0.6~0.7米。塑膜覆盖用钢管或竹片均可，以南北向搭建为宜。

（2）品种选择　覆盖栽培宜选用适应性强、叶柄较短、入泥较浅、品质较好、抗抗倒伏能力较强的早中熟莲藕品种，如"东河早藕""鄂莲1号""飘花藕""苏州花藕"等。

（3）施足基肥　在移栽前7~10天，每亩均匀施入腐熟厩肥2000~2500千克，鲜熟石灰50千克。若所施有机肥是肥力较高的鸡粪或油菜籽饼肥，则为300~500千克，但必须完全腐熟，并灌水深耕匀耕，保持水层在20厘米以上。

（4）适时定植

① 移栽前施足耙面肥，耙平田面。每亩施碳酸氢铵100千克、过磷酸钙50~75千克、硫酸钾10千克，缺硼地区加施硼砂1千克，缺锌地区加施硫酸锌1千克。

② 大棚栽培，早春日均气温回升到12~13℃即可种植，比浅水藕露地单季栽培早15天以上。

（5）分次追肥　一般追肥两次。第一次在第一片立叶展叶期施入，每亩施尿素10千克；第二次在荷叶封垄前施入，每亩施复合肥20~25千克，尿素10~15千克，硫酸钾10千克。施肥时适当放浅田水。

（6）温度管理　浮叶期以密封保温为主，防寒保暖，一般不揭膜，如遇寒流应适当灌水保温。大风后及时检查棚膜。第一片立叶完全展开后，注意通风，防止高温伤苗。晴天中午室外气温达到25℃或棚内气温高于32℃时，应及时做好通风降温工作。当主藕鞭上长出2~3片立叶时，每天打开大棚两头通风炼苗。3片立叶以后，外界气温升高，白天打开一侧薄膜，以防烧苗，傍晚封膜保温。日均温度稳定达到23℃时，完全揭膜。

（7）水分管理　大棚内的水分管理，遵循"浅—深—浅"的原则。前期晴热天气，以浅灌为主，水深3~5厘米；低温时灌水护苗，水深10~20厘米，不能淹没叶片。到立叶生长期，水位增加到10~15厘米。结藕期宜浅，水深约5厘米，以利莲藕膨大。给藕田灌水时须防止串灌。

3. 深水藕栽培

深水藕栽培与浅水藕栽培方法基本一致，但应注意以下几点。

（1）水面　一般选择浅水湖荡、河湾，水流平缓，污泥层达20厘米以上的水面。春季定植时水位不超过30厘米，汛期水位不超过1.2米。

（2）藕种　选用深水藕品种，用种量比浅水藕增加20%左右。

（3）整地　深水藕为一次栽植，多年采收。因此前茬要清理干净，并注意深翻，以促进残茬腐烂。改良土壤，并施足基肥。整平，放入浅水，定植种藕。

（4）定植　深水藕因水位高、温度低，定植期一般要推迟10~15天。栽时用泥压紧，防止漂浮起来。并及时检查，防止缺苗断垄。

（5）追肥　深水藕的追肥采用固体肥，用厩肥或将化肥和泥做成泥团抛施。

（6）排水　生长期间要密切注意汛情，防止大水淹没藕叶，要及时排涝。另外，为减轻风浪危害，大片水面应在纵横间隔10~20米左右种植茭白或蒲草。

（7）采收　深水藕多为晚熟藕，挖藕多手足并用。先找到终止叶，用脚插入泥中探藕，找到后蹬去藕两侧泥土，将莲鞭踩断，一手抓住藕的后把，一手扶住藕身中段轻轻提出，必要时可用脚帮忙，也可用长柄铁钩钩出。深水藕的留种一般留出条状垄不挖，待第二年再萌发，如此，可连续采收多年。具体办法是，采收时先将荡田四周1.5米宽左右的藕全部挖起，然后在田中采2米宽留50厘米宽作为下年种藕，以后每年轮换留种区域。

4. 子莲栽培

（1）繁殖方法

子莲的繁殖方法分有性繁殖（莲子）和无性繁殖（莲藕）两种。

① 有性繁殖。指直接利用果实（莲子）播种栽培的方法，只适用于常规品种繁殖及杂交育种。

A. 选种。选留具有本品种特性的稳定品种果实做种。要求充分老熟，干燥，无霉烂和畸形，果皮光滑。

B. 破壳。用钳子在果实的果脐端破一小口或用钉子钻一小孔（不伤胚芽），以利吸水发芽。

C. 催芽。经破壳的果实放在50℃温水中浸种，待自然降温后再继续浸泡，并保持水温在30℃左右，直至发芽为止。中间应多次换水，一般2~4天即可露绿。

D. 播种。当种莲胚芽长到0.2~0.3厘米时即可播种育苗。苏州地区以春播为好，3月中下旬开始用薄膜覆盖育苗。育苗方法同水稻秧田育苗。苗床宽1米左右，做平，然后播种，行株距15~20厘米见方，入土深度以埋没果实即可，移后水深保持在2~3厘米，以后随着植株的长高而将水位加到10~15厘米。苗期注意保持薄膜内温度，超过35℃时应及时通风。定植前5~7天逐渐加大通风量练苗。

E. 定植。4月下旬当莲苗长出3~4张叶片时定植露地，每亩600~700株，行株距1米见方。苗床与大田比为1∶30左右。

② 无性繁殖。指用上一年种藕或当年藕鞭等做种栽植的方法，苏州地区多用种藕繁殖。

A. 选种。在上年大田中选留具有品种特征，无病虫害，莲蓬大，子粒多，子粒大的植株留种。冬季保持浅水层，严禁人畜践踏。

B. 定植。4月中下旬待气温回升后，挖出种藕，直接采用整藕或子藕移栽，每亩用种藕150~200支。种藕田与大田比为1∶6左右。

(2) 塘田选择　苏州地区子莲种植选择鱼塘或稻田，要求土壤熟化，田埂加固加宽，灌、排两便。如用稻田应事先耕翻，耙平，施足基肥，每亩施腐熟有机肥2000~3000千克或饼肥150~200千克，酸性土壤应增施石灰50千克左右，以调节pH到7左右。

(3) 田间管理

① 适时定植。有性繁殖种株适当密植，无性繁殖种株适当稀植。种藕移栽时应注意防止碰断藕芽，定植方向同菜藕。

② 水肥管理。子莲生长期的水分管理本着"浅水长苗，深水开花结实，浅水结藕越冬"的原则，定植后保持水深在3~5厘米，以后开花结实期逐渐加深至10~15厘米，不宜超过30厘米。子莲生长期如基肥充足，可不追肥；如植株生长势弱，可追施复合肥及喷洒硼、锌等微量元素。

③ 及时转头。子莲生长期，当莲鞭生长方向不符合要求时要及时转头，方法参照菜藕。

④ 中耕除草。一般在立叶出现时开始中耕除草，以后每隔10~15天耘1次，直至植株封垄，约除草2~4次。根据莲农的经验，适量放养草鱼可以起到较好效果，一般于5月下旬至6月上旬每亩放养夏花草鱼1500条左右。此外，生长期还应清除部分浮叶、枯叶和死花。对过密的田块还可适当摘去立叶，以利通风透光。

(4) 采收　7—9月是采莲旺季。为防止下田践踏莲鞭，苏州地区多用菱桶下水采摘，并每隔2~3米开采莲路，按照固定方向巡回采摘。采收莲蓬要适时，在苏州地区莲蓬以鲜食为主，故应采摘子粒充分长足、果皮呈绿色的莲蓬，因为这样的莲蓬含糖量较高，淀粉含量较低。采用老粒者应选择充分成熟，果实变褐，但尚未与莲蓬形成离层的莲蓬，采摘后及时敲打脱粒、晒干。一般每亩产湿壳莲100千

克，可晒成干莲子 80 千克左右。

（三）病虫防治

1. 病害

（1）莲藕腐败病

① 症状。又称"枯萎病""腐败枯萎病"。主要为害地下茎，但地上部叶片、叶柄、花蕾等亦表现症状，严重时整株死亡。病株初期抽出的叶片呈淡绿色，从叶缘开始干枯，后整片叶卷曲、青枯状。叶柄顶端多呈弯曲状，褐色干枯。病茎抽出的花蕾瘦小，以后从花瓣尖缘干枯，最后整个花蕾枯死。发病严重时，全田一片枯黄，似火烧状。地下茎早期症状不明显，将病茎横切检查，其内部维管束变淡褐色或褐色，严重时地下茎呈褐色或紫褐色腐败。有时可见藕节上生蛛丝状菌丝体和粉红色黏质物即分生孢子团。有的藕表面可见水渍状斑，外观呈沸水烫伤状。

② 侵染途径和发病条件。以菌丝体、厚垣孢子和分生孢子在病残体、种藕内和土中越冬。厚垣孢子能在土中存活 8 年以上。病菌从地下茎的伤口侵入，菌丝在茎内蔓延，使其茎节及根系变褐色腐烂，导致地上部叶片、叶柄、花蕾变色枯死。田间再次侵染源是病斑上的分生孢子，分生孢子随水流侵入健康组织。菌丝和分生孢子在 18～30℃ 条件下均能生长，菌丝最适宜生长温度为 22～25℃，分生孢子最适宜的生长温度为 24～28℃，超过 32℃ 时，菌丝和分生孢子停止生长和萌发。当日平均温度在 25～30℃ 时发病最严重。一般 6 月初开始发病，6 月下旬至 7 月中旬发病达高峰，8 月份后病害停止发生。土质黏性重、通透性差、酸性重的田块发病重。浅水藕田，水温高易诱发病害发生。偏施氮肥亦有利于发病。此外，连作田、污水入田、食根金花虫为害猖獗田块易发病。

③ 防治方法。

A. 实行 3 年以上轮作，尤其是上年发病较重的藕田，改种水稻或其他经济作物，实行水旱轮作，是防治该病最佳的方法。

B. 选用抗病性较强的品种和在无病田留种的种藕。

C. 及时清洁藕田，采收莲藕后尽量清除田内莲藕残体，进入冬季时将藕田浸水，开春后及时换水能有效减少病害发生。

D. 选择土质好、灌水方便的田块种莲藕；避免偏施氮肥，增施磷肥、钾肥，以增强抗病力。

E. 及时治虫减少伤口，发现食根金花虫为害时，应立即用杀虫剂防治。田间管理时防止损伤植株，以减少莲藕伤口，减少病害发生。

F. 药剂防治。栽种前，将种藕在25%施保克乳油2000~3000倍液中浸12~24小时，或在50%多菌灵可湿性粉剂700~1000倍液中浸20~30分钟。栽前藕田用每亩50%多菌灵可湿性粉剂500克，加干细土5~7.5千克拌匀撒施。在发病初期选用25%施保克乳油1000~1500倍液，或70%甲基托布津可湿性粉剂加75%百菌清可湿性粉剂按1∶1混合后兑水800倍液，或25%使百克乳油800~1000倍液喷雾。每隔5~7天喷药1次，连续用药2~3次。

（2）莲藕褐纹病

① 症状。又称"莲叶斑病""黑斑病""交链霉黑斑病"。主要为害叶片，叶柄亦能发病。初在叶片上产生针头大小黄褐色斑点，叶背面尤为明显，后扩大成0.5~2厘米的圆形或不规则褐色或暗褐色病斑，病斑边缘明显，四周具细窄的褪色黄晕，严重时病斑扩大融合，除叶脉外，整个叶上布满病斑，致使半叶或整叶干枯，藕田似火烧状。

② 侵染途径和发病条件。以菌丝体和分生孢子梗在病残体上或种藕上越冬。翌年5月产生分生孢子，借风雨传播侵入叶片，经2~3天潜育发病，病部又产生分生孢子进行再次侵染，形成发病田。田间一般先后在6月下旬至7月中旬和8月下

旬至9月上旬出现两个发病高峰。凡田块瘦薄、迟栽迟发、氮肥过多、浅水灌溉，则蚜虫为害重，发病亦重，尤其是高温的7—9月份、多暴风雨的年份病害常流行。

③ 防治方法。

A. 实行轮作，与水稻等禾本科作物实行2~3年轮作。

B. 选用无病藕田留种，采藕后彻底清除田内病株残体。

C. 加强田间管理，避免偏施氮肥，增施磷钾肥，注意控制水温在35℃以下，在台风、暴雨季节及时灌深水，防止狂风造成植株伤口。

D. 药剂防治。在发病初期，可选用57.6%冠菌清干粒剂1000~1200倍液，或70%品润干悬浮剂1000倍液，或70%安泰生可湿性粉剂700倍液，或64%杀毒矾可湿性粉剂500倍液喷雾。每隔10天左右喷1次，连续防治2~3次。

（3）莲藕花叶病毒病

① 症状。病株较健株矮，叶片变细小，将病叶对着日光观看，可见浓绿相间的斑驳。有的叶片局部褪黄，叶脉突起，叶畸形皱缩；有的病叶包卷不易展开。

② 侵染途径和发病条件。病毒潜伏在种藕内或多年生宿根性杂草、菠菜、芹菜等寄主上越冬。越冬寄主是初侵染源，通过植株间摩擦和蚜虫传毒。凡是浅水田、缺肥、管理粗放的田块发病重。

③ 防治方法。

A. 选用抗病高产品种。

B. 加强田间管理，及时治蚜虫，同时拔除病株，以防扩散。

C. 发病初期喷施40%克毒宝可溶性粉剂1000倍，或20%"盐酸吗啉双呱·胶铜可湿性粉剂"500倍液，或5%菌毒清可湿性粉剂500倍液。每隔7~10天喷1次，连续防治2~3次。

(4) 莲藕炭疽病

① 症状。病斑多从叶缘开始，呈近圆形、半圆形至不规则形，略凹陷，红褐色，具轮纹，后期病斑上生许多小黑粒点，为病原菌的分生孢子盘。严重时病斑密布，叶片局部或全部枯死。茎上病斑近椭圆形，暗褐色，生很多小黑点，致使全株枯死。幼叶病斑紫黑色，轮纹不明显。

② 侵染途径和发病条件。以菌丝体和分生孢子座在病残体上越冬。分生孢子借气流或风雨传播蔓延。分生孢子 $10 \sim 35 ℃$ 萌发，$20 \sim 28 ℃$ 发芽势强，孢子萌发最适宜相对湿度为 100%。高温多雨尤其暴风雨频繁的年份或季节易发病；连作地或藕株过密通透性差的田块发病重；偏施氮肥生长过旺易发病。

③ 防治方法。

A. 注意田间卫生，收获时或生长季节收集病残体深埋或烧掉。

B. 重病地实行轮作。

C. 合理密植，巧施氮肥，增施磷钾肥。

D. 发病初期喷洒 25% 炭特灵可湿性粉剂 500 倍液，或 40% 炭疽福美可湿性粉剂 800 倍液，或 25% 使百克乳油 1000 倍液，或 10% 世高水分散颗粒剂 $1500 \sim 2000$ 倍液，或 50% "甲基硫菌灵·硫黄悬浮剂" 800 倍液，或 50% 多菌灵可湿性粉剂 800 倍液加 75% 百菌清可湿性粉剂 800 倍液。每隔 $7 \sim 10$ 天 1 次，连续防治 $2 \sim 3$ 次。

(5) 莲藕叶疫病

① 症状。主要为害浮贴水面的叶片，感染后叶面或叶缘呈现黑褐色近圆形至不规则形湿腐状病斑，引起叶片变褐色腐烂，不能抽离水面。

② 侵染途径和发病条件。病菌在病株组织内或以散布在田间的卵孢子越冬。以孢子囊及游动孢子作初侵染和再侵染，从叶片气孔侵入。病菌借水流传播蔓延。6—8月高温多雨的季节发生。水质差、被污染田发病重。

③ 防治方法。

A. 选用抗病品种，栽种不带病种藕，发现病株及时拔除，补植新苗。

B. 加强水的管理，遇有水涝时在水退后要及时用清水冲洗叶面。

C. 发病初期喷洒 70% "乙膦·锰锌可湿性粉剂" 500 倍液，或 72% 霜霉疫净可湿性粉剂 700~800 倍液，或 72% 克露可湿性粉剂 700~800 倍液，或 53% 金雷多米尔（甲霜·锰）可湿性粉剂 800~1000 倍液。

(6) 僵藕

① 症状。病株生长势衰退，萌发迟，休眠早，立叶矮小。藕身僵硬瘦小，上有黑褐色坏死条斑，顶芽扭曲畸形，易折断。产量和品质严重受损，甚至不能食用。

② 侵染途径和发病条件。病毒在种藕内或随病残体遗留在土中越冬，成为翌年初侵染源。病毒主要通过汁液接触传播，从寄主伤口侵入。带病毒的种藕为远距离传播的毒源。藕田瘠薄、板结、黏重，有利发病且重，连作田易发病。在莲藕生长期，多暴风雨易引起发病。

③ 防治方法。

A. 建立莲藕良种繁育田，选用无病的藕田留种。

B. 实行合理轮作。发病重的藕田改种水稻或其他经济作物。

C. 增施腐熟的有机肥和氮、磷、钾含量齐全的复合肥。冬季冬耕晒垡或种植绿肥，以改善土壤理化性质。

D. 药剂防治。发病初期喷洒 1.5% 植病灵乳剂 1000 倍液，或 20% 病毒 K 乳剂 1000 倍液，或 40% 克毒宝可溶性粉剂 1000 倍液加氨基酸液肥 500~800 倍液。每隔 7~10 天喷 1 次，连续防治 3~4 次。

2. 虫害

（1）莲缢管蚜

① 特性。属同翅目蚜科。寄主为莲藕、慈姑、菱角、水芋、芡实、水芹、莼菜、绿萍等。

② 为害症状。以若蚜、成蚜群集于刚出水面的嫩叶、浮叶、立叶、叶柄、花薹、花瓣上刺吸汁液，致使叶片发黄，生长不良。严重时卷叶难以展开、立叶枯萎、花蕾萎蔫，影响地下茎生长，降低产量和质量。

③ 生活习性和发生规律。莲缢管蚜一般一生蜕4次皮，若蚜有4龄，有趋绿性、趋嫩性，喜聚集在嫩绿幼叶、嫩芽上为害。气温20~28℃和相对湿度81%~92%时，有利于成蚜的生长和繁殖，成蚜寿命随温度的增加而明显缩短。该蚜喜偏湿环境，相对湿度低于80%时，寿命、繁殖率显著下降。

在江苏一年发生25~30代，为全周期生活型。以卵在桃等核果类枝条叶芽内、树皮下越冬。当日平均气温稳定在12℃左右时，卵开始孵化为干母，在冬寄主上繁殖4~5代。4月下旬至5月上旬产生有翅蚜迁移，出现第一次迁飞高峰，迁入莲藕、慈姑、菱等水生作物上繁殖危害20~25代。越冬卵抗寒性强。长期积水、生长茂密的田块发生重。在绿萍、莲藕、慈姑混生田，早春蚜虫发生早、数量多。

④ 防治方法。

A. 莲藕要成片种植，避免插花栽植。

B. 及时清除田间绿萍、浮萍等水生植物，以减少虫口数量。

C. 保护瓢虫、蚜茧蜂、食蚜蝇、草蛉、食蚜盲蝽等蚜虫天敌。

D. 化学防治。由于蚜虫繁殖快，又生活在未展开的嫩叶及幼叶柄上，药剂黏着困难，故选择的药剂要有能够触杀、内吸、熏蒸三重作用。可选用50%抗蚜威可湿性粉剂2000~3000倍液，或10%吡虫啉可湿性粉剂1500~2000倍液，或70%艾

美乐水分散剂 20000~30000 倍液，或 20%灭扫利乳油 2000~4000 倍液，或 5%来福灵乳油 4000~5000 倍液喷雾防治。

(2) 莲藕潜叶摇蚊

① 特性。又名"莲窄摇蚊"。属双翅目摇蚊科。寄主为莲藕、芡实、菱角、萍等。

② 为害症状。该虫不能离水，故对立叶无害，只为害浮叶，潜伏在叶内。受害初期叶面出现线状虫道，后呈喇叭状，出现紫褐色虫斑。大发生时浮叶100%受害，数十或上百条幼虫纵横交错蚕食，各虫道相连，叶面上布满紫黑色或酱紫色虫斑，四周开始腐烂，致使全叶枯萎。

③ 生活习性和发生规律。幼虫为专主寄主，在同一水体中只为害莲藕。成虫在莲浮叶边缘水中产卵，卵期 3~5 天。幼虫孵出后从浮叶背面蛀入，潜食叶肉。每个幼虫为一单独坑道，初期虫道线状，后呈喇叭状，并出现紫黑色斑纹。老熟幼虫以丝腺在虫道内做茧，羽化时顶破叶面的表皮飞出，交配产卵。发生代数不详，在田间世代重叠。每年 10 月下旬莲叶枯萎时，大多数幼虫羽化为成虫，少数幼虫随叶片枯萎而沉入水底越冬。翌年 3 月化蛹，到水面羽化为成虫。一年中成虫在 4—5 月、9—10 月有两个盛发期，幼虫为害期在 4—10 月，其中 7—8 月为害最严重。凡是偏施氮肥，莲藕生长过旺，嫩绿，则为害重。

④ 防治方法。

A. 摘除有虫道浮叶，集中烧毁或深埋。

B. 该虫能随种苗、带土种茎进行远距离传播，严禁从有该虫的地区引种。

C. 发现浮叶有虫道时，喷洒 4.5%氯氰菊酯乳油 1500 倍液，或 10%高效灭百可乳油 2000 倍液，或 48%毒死蜱乳油 1000 倍液，或 80%敌敌畏乳油 800~1000 倍液。

(3) 斜纹夜蛾

① 特性。又名"莲纹夜蛾""莲纹夜盗蛾"。属鳞翅目夜蛾科。斜纹夜蛾是杂食性害虫,为害的植物达99科290多种,其中喜食的有90种以上。

② 为害症状。初孵幼虫群集叶背面啃食叶肉,仅留叶脉,似纱窗网。3龄后分散危害,蚕食莲叶成缺刻。发生多时会吃光叶片,甚至咬食幼嫩叶柄和莲花。

③ 生活习性和发生规律。成虫昼伏夜出,晚上活动、取食、交配、产卵。飞翔力强,有趋光性,特别对黑光灯有强烈的趋性,对糖、醋、酒及发酵的胡萝卜、豆饼等有趋性。每头雌蛾可产3~5个卵块,一般每个卵块有100~200粒卵,成虫寿命为7~15天。卵多产在叶背面叶脉分叉处。幼虫共6龄,有假死性,初孵幼虫群集危害,3龄后分散取食,4龄时出现背光性,昼伏夜出,进入暴食期。老熟幼虫沿叶柄和花梗向下,浮于水面,并以腹部后端在水中反复屈伸游至岸边,在旱地入表土1~3厘米做土室化蛹。

在长江流域一年发生5~6代,南方全年可发生,无越冬现象,幼虫、蛹在江苏不能过冬。斜纹夜蛾是一种迁飞性、暴食性害虫,一般5月下旬至6月初黑光灯下见蛾,6月中下旬莲藕田出现为害,7—9月是为害盛期。旱地土壤含水量20%左右有利于化蛹和羽化。若蛹期遇大雨,田间积水,则不利于羽化。

④ 防治方法。

A. 人工捕捉。掌握产卵期及初孵幼虫集中取食习性,结合田间管理,摘除卵块及初孵幼虫危害的莲叶,包叠成团,塞入泥内闷死。

B. 用杨树枝、黑光灯、糖醋酒液性诱剂等诱杀成虫。

C. 药剂防治。掌握3龄前点片发生阶段施药,并应在傍晚前后防治。可选用24%美满悬浮剂2000~3000倍液,或20%米满悬浮剂1000~1500倍液,或10%除尽悬浮剂1500倍液,或0.5%甲维盐微乳剂2000~3000倍液,或奥绿1号多角体病毒

可湿性粉剂1000倍液喷雾防治。

(4) 食根金花虫

① 特性。又名"稻食根虫""食根蛆""水蛆虫"。属鞘翅目叶甲科。寄主为莲藕、莼菜、眼子菜、鸭跖草、长叶泽泻等。

② 为害症状。以幼虫为害莲的茎节和不定根。被害处呈黑褐色斑点，根部发黑，病菌极易侵入引起腐烂，地上部叶和花蕾发黄、枯萎，生长受阻。成虫和初孵幼虫还能啃食莲叶。

③ 生活习性和发生规律。成虫在土中羽化后即向上爬并浮出水面，喜食眼子菜和莲叶。成虫多停息于莲叶上，行动活泼，稍惊动就沿水面作短距离飞行，或潜水逃逸。羽化后1~2天后交配，交配后1~2天开始产卵，产卵历期4~8天，成虫寿命8~9天。卵产在眼子菜、莲叶叶背或叶面上，少数产在鸭跖草、长叶泽泻等水生杂草上。孵化最适温度为20~26℃。孵化后幼虫下爬至土中为害嫩根，幼虫期10个多月。老熟幼虫在藕根部土中化蛹，化蛹前幼虫分泌乳白色黏液包围体躯，经1天黏液硬化，形成胶质薄茧化蛹在其中，蛹期15~17天。

在江苏一年发生1代，以幼虫在莲藕根须和藕节间越冬。翌年4月下旬至5月上旬越冬幼虫开始活动为害，5—6月间开始化蛹羽化，6—7月是羽化盛期，7月为成虫产卵盛期，7月下旬至8月上旬为孵化盛期，幼虫孵化后即入水钻入土中食害藕节。一般长期积水的低洼田，眼子菜多的藕塘田，虫量多，受害重。

④ 防治方法。

A. 实行水旱轮作。莲食根金花虫虫害发生重的田块改种1~2年旱生作物，或冬季排除田间积水。

B. 清除藕田杂草，尤其是眼子菜和鸭跖草，减少成虫取食及产卵场所。

C. 结合整田，施药灭虫。在4月中旬至5月上旬莲藕未发芽前，每亩施石灰

50千克或每亩施15~20千克的茶籽饼粉，或每亩施3%辛硫磷颗粒剂2.5~3千克，或每亩施10%二嗪磷颗粒剂0.6~0.8千克，并适当耕翻。若每亩加施10~15千克硫酸铵，效果更好。

D. 在成虫发生期施药防治。可选用25%杀虫双水剂500倍液，或2.5%敌杀死乳油1500~2000倍液（套养鱼藕田不宜用），或90%敌百虫晶体800倍液，或80%敌敌畏乳油1000倍液，或48%乐斯本乳油1000倍液喷雾防治。

（四）加工技术

1. 藕粉

（1）原料选择　选用老熟藕及加工盐渍藕、保鲜藕等下脚料残次品，但以老熟藕出粉率最高，采收时间多为冬春季节。

（2）清洗、去节　将选用的藕身用清水浸泡并刷去污泥，漂洗干净后，去节。

（3）磨碎、过滤　将藕段用钢磨粉碎机打磨成粉渣，放入缸内并经粗筛、细筛（80~100目）过滤。将粉浆倒入缸内沉淀，倒去上层清水及细渣、杂质，换水搅拌，再沉淀，再去杂，一般经清水漂洗3~4天后，可去除涩味和可溶性物质。最后将沉淀下来的洁白湿粉倒入布袋，沥去余水，成为湿粉团。

（4）削片、晒干　将半干的粉团用蚌壳或碗片等工具削成均匀的薄片，并摊在竹匾内晾干，要求摊得匀、摊得薄，当天晒干或烘干，以保证色白、味正、质优。一般每百千克鲜藕可出粉10千克左右。

（5）包装、贮藏　将晒干的藕粉及时分级包装。特级片大、薄，色洁白；一级带片，洁白；二级带片，白色；三级片小，色次白。包装应用聚乙烯薄膜袋或铝箔复合袋，外用木箱，防止挤压，并注意室内通风防潮，避免阳光直射、变质。

2. 白糖藕片

（1）原料选择　选用新鲜、色白、脆嫩、无病虫害、无霉变的藕段。

（2）去皮、切片　将洗净去节的藕段直接用竹片刮去皮，亦可煮沸至藕皮稍软后放入冷水中浸泡，冷却后再用竹片刮去皮，然后切成圆状薄片，厚0.5厘米。

（3）护色、预煮　将藕片投入含0.1%~0.2%柠檬酸的水溶液中浸泡护色，并在沸水中煮15分钟，至半熟后取出投入冷水中反复漂冷，至完全冷却为止。

（4）加糖渍腌　将漂冷后的藕片捞起装入缸内，按35%的比例加糖分层腌渍。24小时后再将藕片和糖液倒入隔层锅或铜锅内，再加糖30%，蒸熟1小时，再倒回缸内冷却24小时。然后重复将上述藕片倒入锅中，加糖30%，煮沸浓缩，使糖液浓度达80%以上。然后捞出藕片，沥干糖浆，晾干。

（5）拌糖包装　在晾干后的藕片表面加上磨碎后的糖粉10%左右，拌匀过筛，即成白糖藕片。因其易吸潮，故要及时用聚乙烯薄膜袋或桶密封包装贮存。

3. 盐渍藕

（1）原料选择　选莲藕藕身各节生长匀称、新鲜、脆嫩者，单节藕段长10厘米以上，直径3厘米以上，无病虫害，无腐烂，无畸形，无麻筋，无机械伤，一般从原料采收到加工为24~48小时。

（2）清洗、去节　一般原料藕先用高压水枪冲洗去泥，再行浸泡洗刷，除尽污泥。然后按段切断，并切除藕节，漂洗干净。

（3）刨皮、分类　将漂洗干净的藕段用刨刀去皮，并按不同直径、长度等规格分级归类。

（4）多次盐渍　将不同规格的藕段分别盐渍，盐水浓度和浸泡时间可因客户要求和气温变化而异，高温天气适当加大浓度而缩短浸泡时间。浸泡中还要注意翻池和加食盐。一般先浸在13%~14%盐水中1~2天，再翻池加盐在17%~18%盐水中浸泡6~7天。外销产品盐度一般掌握在22%，pH 4~5，硫含量低于30毫克/千克。因此在盐藕装桶后还要另加盐和柠檬酸防腐、护色。

(5) 分级包装

盐渍藕多采用25千克装软塑折叠桶盛装,再用纸箱包装,固形物有17千克左右;亦有采用50千克装硬塑桶盛装者,固形物有32千克左右。盐渍藕段大小的分级标准因莲藕品种及管理技术、采收时间不同而异,不同工厂也有不同标准。

① L级:直径7~10厘米,长度15厘米以上(占34%)。M级:直径7~10厘米,长度10~15厘米(占24%)。S级:直径5~7厘米,长度8~10厘米(占30%)。SS级:直径3.5~5厘米,长度5~7厘米(占12%)。

② L级:直径≥6厘米,长度≥8厘米。M级:直径5~6厘米,长度≥8厘米。S级:直径4~5厘米,长度≥6厘米。SS级:直径3~5厘米,长度≥5厘米。

此外,盐渍莲藕成品还有不同规格的藕片和藕块。

4. 速冻藕片(块)

(1) 原料选择　选用充分发育的新鲜莲藕,尤以荡藕质嫩细腻,剔除老藕、僵藕、麻筋藕、虫藕及变质藕。

(2) 前处理　用清水浸泡刷去污泥,漂洗后切除藕节,在细流水的龙头下刨去藕皮,放进2%盐水溶液中,视环境温度浸泡30~80分钟,直至藕段软化。然后按直径将之分成大级(6~7.5厘米)、中级(5~6厘米)、小级(4~5厘米)。手工切成滚刀块,将切好的半成品放入0.2%柠檬酸溶液中护色3~20小时不等,气温越低护色时间越长。

(3) 烫漂杀青　将经过护色的藕片、藕块放入沸水中烫漂2~3分钟后,迅速放入35℃清水中冷却至产品中心温度在12℃以下,冬季加工时可在烫漂水中添加0.1%柠檬酸。

(4) 速冻包装　冷却后的半成品经震动沥水,送入流态状速冻装置冻结,产品中心温度在-18℃以下,在剔除不合格产品并称重后,用聚乙烯膜包装,具体包装规格、形式应根据客户要求而定。

（5）冷藏　将速冻包装好的产品迅速存放入储藏冷库，冷藏库温度要求保持在 $-24 \sim -18℃$。

5. 通心莲（又名"捅心莲"）

（1）脱粒、剥壳　加工通心莲的原料以采摘自紫褐色莲蓬者为佳，此时莲肉已长足但尚未老熟，容易捅心。采摘时间以清晨或傍晚为宜，清晨采摘者当天加工，傍晚采摘者次日早晨加工。采收后的莲蓬先剥出壳莲（果实），再设法去掉一半莲壳（果皮），然后将莲肉（种子）挤出。

（2）去皮、捅心　莲肉外的种皮可用手剥除干净，然后再用竹签或钢签对准莲肉基部小凸点垂直插入，将莲心捅出。

（3）烘晒、去杂　加工好的通心莲要用清水漂洗，沥干，然后放在筛子里烘烤或在太阳下晒，并注意经常翻拨，使其均匀受热、干燥。干燥后的通心莲含水量在 12%~13%。鲜壳莲的出肉率在30%左右，干通心莲应注意剔除残留种皮、莲心和杂质，去除虫蛀莲肉和霉变莲肉，筛去莲肉末。

（4）分级包装

加工后的通心莲应根据各省地方标准进行分级。如建宁白莲的质量等级要求为：

① 颗粒数（500克的粒数），特级≤470，一级≤500，二级≤530，三级≤550。

② 插心率（%），特级≥99，一级≥97，二级≥95，三级≥93。

③ 净度（%），特级100，一级≥99，二级≥97，三级≥95。

④ 完好率（%），特级100，一级≥98，二级≥97，三级≥96。

⑤ 清香，无异味，无霉变，无杂质，颜色乳白色微黄，含水量≤12%。

分级后的通心莲应分别装入聚乙烯薄膜袋、铝箔复合袋或镀锌铁皮箱中密封保存,并注意室内保持通风干燥,避免阳光直射导致变质。

6. 罐头莲子

将通心莲子洗净后,浸入1.5%食盐水中护色,然后放入10%糖水(10%白糖、0.3%冰醋酸、89.7%水)中煮沸,装罐,真空封口,并在100℃下杀菌5~10分钟,分3次冷却至37℃左右,然后包装,装箱。

7. 干荷叶

(1) 原料选择　选用新鲜、色绿、充分发育且无虫蛀、无破损的功能叶片(立叶),一般在挖藕前2~3天采摘,并掰除叶柄。

(2) 折叠、曝晒　将掰除叶柄的荷叶清洗干净,摊晾至无水渍后对折,叶面向外,叶背向里,置于阳光下曝晒,并随阳光强度的变化及时翻晒,使两面均匀受热干燥。

(3) 打包贮存　干透后的荷叶要及时打包,一般呈四角形分批重叠,压紧。先在地上铺好绳子,上面每次每个方向放一叠荷叶,每叠约10张,然后顺时针方向每转90度角再放一叠,每层4个方向共40张荷叶。荷叶脐部均朝外,每叠荷叶相互重叠压紧,以此类推,层层排叠压紧,最后拉起绳子捆紧,每包重20~30千克。捆扎后的荷叶包应在通风、阴凉、干燥的室内搁起保存,并注意防虫、防鼠。

荷叶可用来烹饪菜肴,如粉蒸肉、叫化鸡、荷叶粽子等。荷叶亦可用来做保健茶的辅料,清凉解毒,但对原料的质量要求更高,嫩叶和老叶不宜加工。

六、荸荠

(一) 生长发育

荸荠的生长发育可分为萌芽期、分蘖分枝期、球茎膨大期、开花结实期和越冬休眠期等5个时期。

1. 萌芽期（4月上旬至6月上旬）

春季旬均气温达13℃以上时，球茎开始萌动，抽生发芽茎。发芽茎上长出短缩茎。其向上抽生叶状茎，茎高10~15厘米，向下生长须根，形成新苗。

2. 分蘖分株期（6月中旬至8月下旬）

此时旬均气温达24~29℃，幼苗开始不断分蘖，形成母株。母株侧芽向四周抽生匍匐茎3~4根，当匍匐茎长至10~15厘米长时，其顶芽萌生叶状茎，形成分株。分蘖分株期的长短因栽培方式不同而异。早栽荸荠分蘖分株多，生成群体大；晚栽荸荠分蘖分株少，生成群体亦小，在生产上需密植，以提高产量。

3. 球茎膨大期（9月上旬至11月上旬）

当旬均气温由25℃逐渐降至15℃时，日照变短，分蘖分株停止，而植株地下匍匐茎先端开始膨大形成球茎。以后随着气温的不断下降，叶状茎先由绿色转为深绿，后转向枯黄。球茎则由小到大逐渐充实，皮色由白转红，至黑红色时即充分成熟。

4. 开花结实期（9月上旬至11月上旬）

在荸荠球茎膨大的同时，荸荠开始抽生似叶状茎的花茎，顶端着生穗状花序，但大多不能正常结实。

5. 越冬休眠期（11月上旬至翌年3月下旬）

当气温由15℃逐渐降至3℃时，荸荠植株地上部逐步停止生长，养分转入贮藏器官球茎内，并进入休眠期，直至地上部完全枯死。植株的成熟球茎在土中越冬。

（二）栽培技术

1. 适时栽培

荸荠全生长期210~240天。苏州多在4月上旬至7月上旬育苗，5月下旬至8月上旬移栽大田。其中4月开始催芽者称为"早水荸荠"，5月初开始催芽者称

"伏水荸荠"，7月开始催芽者称"晚水荸荠"。由于长江流域早栽球茎，当其母株丛形成时，正是梅雨季节，此时植株郁蔽，容易感病，因而适当延迟球茎育苗和移栽期有利于发棵、分蘖、结荠和防病。提倡球茎于6月下旬至7月上旬育苗，7月上旬至7月下旬移栽。

2. 精选良种

根据荸荠茬口不同可选用早熟或晚熟品种。生长期短用早熟种，生长期长可用晚熟品种。如麦茬荸荠选用"温荠""桂林马蹄"等大果形种，并栽分枝苗；早稻茬荸荠选用"苏荠""杭荠"等小果形种，以球茎育苗移栽。"桂林马蹄"加强栽培管理亦可获得高产。加工成罐头的荸荠，应选用平脐品种，以便于削皮、去蒂，如"桂林马蹄""杭荠"等。用于加工荸荠粉的则选用淀粉含量高的品种，如"孝荠""水马"等。但无论选用什么品种，均应注意严格挑选，宜选择具有品种特性、无病虫害、顶芽粗壮的老熟球茎留种和育苗。

3. 培育壮苗

荸荠育苗移栽分球茎催芽育苗直接移栽和利用早栽球茎的分株苗移栽两种。

（1）春季育苗　一般于4月上旬至下旬育苗。当时正值气温较低，出苗慢，应在栽植前40~50天催芽育苗。3月下旬将种荠从田里挖出，选择无病虫、不腐烂的球茎作种荠，于室内催芽，先用席围好一圈，内铺湿稻草，将种荠顶向上排列，交叉叠放2层，上用稻草覆盖，每天浇水保湿。15天后开始发芽生长，45天左右顶芽长至15厘米并有3~4个侧芽萌发时即可定植。一般每亩秧田可栽大田20亩，每亩大田需用荸荠种15~20千克。

（2）夏季育苗　一般于6月下旬至7月上旬育苗，这时气温高，催芽育苗25~30天即可定植。3月下旬将种荠从田里挖出并进行堆藏或窖藏，到6月下旬取出时大部分种荠已萌芽并干瘪，因此可先将顶芽摘去，以促侧芽萌发，然后浸种1~2

天，待种荸浸胖发芽后播于秧田。秧田应选择排灌方便、床面平整、泥烂的田块，将已发芽的种荸一个靠一个依次排列并埋入其中，排好后晾晒半天，使土表干燥结皮，以后再浇泥浆，将露出的种荸盖没，上铺稻草遮阴，有条件者可搭凉棚遮阴，早晚揭帘炼苗。10~15天后，当叶状茎长到10厘米并已萌发新根时不再遮阴。当叶状茎长到30厘米左右时定植大田。夏季育苗因种荸贮藏期长，损失养分多，定植时须密植，每亩大田需用种荸40~75千克。

4. 大田栽植

栽种荸荠大田须事先耕耙，施基肥。早水荸荠因生长期长，应于5月中下旬整地施肥，一般每亩施猪厩肥或草塘肥1500~2000千克。晚水荸荠因生长期短，应以速效肥为主，并增加施肥量。每亩增施过磷酸钙20千克，氯化钾或硫酸钾15千克，可使荸荠产量增加，品质改进。

苏州地区早水荸荠在6月下旬前定植，伏水荸荠在7月上中旬定植，晚水荸荠在7月下旬至8月初定植。

早水荸荠栽植时，因秧苗已有很多分蘖和分株，应将母株和分株一起挖出，将分蘖分株一一拆开，并将根系整理后栽插，入土深12~15厘米。晚水荸荠因秧苗生长期短，无分株形成，可将球茎苗小心挖出，洗净泥水后定植，栽植深度以球茎入土10厘米左右为宜。栽植深，发棵慢，结球茎深，不易挖。一般田肥、淤泥厚时适当深栽，生长期长者适当深栽；反之则应浅栽。栽时应将过高苗割去梢头，留叶状茎30厘米，以防被风吹断吹倒。栽植密度与栽植时期、土壤肥力和品种有关。早栽田、肥田、分蘖强的品种稀栽，一般行距为65~70厘米，株距30厘米左右，亩栽3000~3500株。晚栽田、瘦田、分蘖差的品种要密栽，一般行距为40~60厘米，株距25~30厘米，栽3500~4500株。

5. 田间管理

（1）查苗补缺　荸荠移栽后，如果发现有枯黄死苗和根浅浮苗，要及时补栽。有叶状茎细弱成丛生状的俗称"雄荠"，也要拔除补栽，以保证苗全、苗壮。

（2）及时追肥　荸荠从栽植到结球期间可分株3~4次，耘田、除草应在第一、第二次分株期间进行。除草后应及时追肥。早荸荠生长期长，在营养生长期不宜施用化肥，以防茎叶徒长，感染病害。晚荸养生长期短，应掌握"前期促长、中期稳长、后期防早衰"原则，一般在除草后视苗情追肥1~2次，每次每亩施人粪尿1000千克或尿素10千克，促进植株分蘖。8月下旬至9月上旬植株封行前再每亩追施尿素10千克，9月中下旬结球时期每亩追施硫酸钾10千克，以促植株健壮和结球。植株封行后应避免下田，防止踏断地下茎。

（3）水分管理　荸荠田的水分管理，从栽植到结荠，随着其分株增多、植株增高，灌水应由浅到深。早水、伏水荸荠栽植后，田间灌薄层浅水，在分蘖分株期增至2~3厘米，封行后干湿交替，以抑制其分株，促进匍匐茎结荠。至球茎膨大期加深水层至5~6厘米，使球茎增大增重。10月底田间水位逐渐落干，应保持田土湿润，并防土壤裂缝。晚水荸荠生长期短，要促早分蘖、早分株，生长期不能断水和搁田，否则结荠小，产量低。另外，每次田间操作和施肥均应将田水放浅，操作后再灌水到原有深度。

6. 适时收获

荸荠球茎成熟以后，地上部枯死，即可采收。但也可留存土中直至次年春季，随需随收。早期采收的球茎，质嫩但不甜，皮色尚未全转红，皮薄而不能贮藏。12月下旬以后荸荠老熟，球茎转成深红色，含糖量增加，味甜，是适宜采收加工和销售的时机。越冬后的球茎皮色转成黑褐色，且变厚变老，品质下降。用于制作淀粉的荸荠可于11月上旬采收，这时的荸荠淀粉含量高。

荸荠采收前一天要排水，并保持土壤烂软，苏州地区多用手挖，亦可用齿耙耙挖。早水荸荠一般亩产2000千克左右，伏水荸荠亩产1500~1750千克，晚水荸荠亩产1000~1500千克。

7. 选种留种

（1）留种田块　须选生长健康、无病虫害的丰产田块，种荠留在大田里越冬，并保持土壤湿润。

（2）采收留种　翌年4月上旬采收种荠，随挖随选，一般应选具有品种特征特性、形状整齐、果形中等、无伤疤裂缝的球茎。早水荸荠可立即将种荠催芽播种，伏水荸荠则大多利用早播荸荠的分蘖分枝苗移栽，晚水荸荠须将种荠贮藏。

（3）荸荠贮藏方法　荸荠采收后堆放在室内泥地上晾干，待种荠上的泥土发白后堆起，高度0.5米左右，宽度1米左右，呈馒头形，上盖稻草，四周用泥糊好（顶端留口不糊）。贮藏中如果发现四周泥浆干裂，应及时补浆，也可在泥堆上加盖稻草，防止种荠干瘪。晚水荸荠于7月上中旬育苗，此时开堆选芽，以健壮完好的壮芽留种，淘汰弱芽、瘦芽、病残芽和早发芽，播种前将选出的种荠浸泡1~2天，剔除漂起的荸荠，保留下沉者做种。同时剪去种荠正头芽，保留侧芽，再行育苗。

（三）病虫防治

1. 病害

（1）荸荠秆枯病

① 症状。俗称"荸荠瘟"，是一种毁灭性病害。主要为害叶鞘、茎、花器。叶鞘受侵害之初现暗绿色不规则形水渍状病斑，后扩展到整个叶鞘，其病部变灰白色，上有黑色小点或长短不一的黑色短条点。茎秆染病，初期为水渍状椭圆形、梭形或不定形略绿色斑，其上也生小黑点或黑色短条点，病茎变软，凹陷易倒伏。花器得病，多发生在鳞片或穗颈部，致使花器黄枯，湿度大时病部生灰白色霉层。严

重时秆枯死，地下部不结荸，轻者荸小。

② 侵染途径和发病条件。以菌丝体和分生孢子盘随病株遗落在土中或球茎上越冬。翌年4月产生分生孢子，孢子萌发产生芽管，从气孔或直接穿透表皮侵入，引起发病，又产生分生孢子，借风雨和灌溉水传播、蔓延，进行再侵染。病菌生长的最低温度为5℃，最高温度为32℃，最适宜温度为23～29℃，气温在17～29℃，生长期遇连续阴雨或浓雾、重露的天气有利于发病。种植过密，封行过早，田间通风透光性差，或氮肥过多，植株徒长、柔弱、发病重，品种间有一定差异，一般"大红袍荸荠"比"苏荠"抗病。

③ 防治方法。

A. 选用抗病品种。

B. 实行3年以上轮作。种植一茬荸荠后，3年内轮作其他作物。

C. 做到排灌水分开，避免串灌或漫灌，及时拔除田间病株，以防传播。

D. 球茎或荠苗药剂处理。在育苗之前将球茎先在50%美派安可湿性粉剂500～700倍液，或50%多菌灵可湿性粉剂500～800倍液，或70%甲基托布津可湿性粉剂800～1000倍液中浸18～24小时，然后再育苗。定植时将荠苗在上述药剂或用50%翠贝干悬浮剂2000～3000倍液中齐腰浸2～3小时再种植。

E. 药剂防治。在荸荠苗封行前用50%翠贝干悬浮剂3000～4000倍液喷雾。每隔15天喷1次。发病初期喷施40%三唑酮多菌灵可湿性粉剂1000倍液，或50%"多·硫可湿性粉剂"600～800倍液，或70%甲基托布津可湿性粉剂1000倍液，或70%安泰生可湿性粉剂50倍液。每5天喷1次，病情控制后隔10天喷1次。选择2～3种药剂交替使用效果为佳。

(2) 荸荠茎腐病

① 症状。发病的叶茎外观症状呈枯黄色至褐黄色，病茎略细且短，发病部位

主要在叶茎的中下部，病部初期暗灰色，后变为暗色不规则病斑，病部、健部分界不明显，组织变软易折倒。湿度大时，病部可产生暗色稀疏霉层。

② 侵染途径和发病条件。以菌丝体在病残体上越冬，为翌年初侵染源。此菌在未腐烂的病组织中可存活8个月。再次侵染是分生孢子，借风雨传播为害。生长、产孢及萌发的适宜温度为28~33℃。9月上旬即进入发病盛期，此间气温适宜，台风暴雨频繁，茎秆上易出现伤口，雨水有利于分生孢子传播和蔓延，10月后病情变缓或停滞下来。土质瘠薄，土层浅或缺肥，地势低洼，灌水过深易发病。

③ 防治方法。

A. 与藕、茭白等水生作物轮作。

B. 药剂处理球茎和荸苗。用50%多菌灵可湿性粉剂600倍液，在育苗前将种球茎浸泡18~24小时，在定植前再将荸苗浸泡18小时，同时剔除病弱苗。

C. 改进排灌水方式。种植田块宜小，做到排灌水分开，防止串灌、浸灌，以防病菌随水流扩散。

D. 提倡施用经酵素菌沤制的堆肥。

E. 抓住适期喷药保护。生长期及时检查，发现病株即喷洒50%多菌灵可湿性粉剂800~1000倍液，或70%品润干悬浮剂1000倍液，或80%402水剂2000倍液，或70%安泰生可湿性粉剂600~800倍液，每隔7天喷1次，连喷2~3次，雨后补喷，才能有效地控制该病。

(3) 荸荠枯萎病

① 症状。从播种至收获皆可受害，致使荸荠烂芽、苗枯和球茎腐烂，尤以成株期受害重，苗期或成株期茎基部染病，初期褐色，植株生长衰弱、矮化、变黄，似缺肥状，以后少数分蘖开始枯萎，直至全株枯死。根及茎部染病，变黑褐色软腐，植株枯死或倒伏，局部可见粉红色黏稠物，即病菌分生孢子座和分生孢子。球

茎染病，荸荠肉变黑褐色腐烂。

② 侵染途径和发病条件。以菌丝潜伏在荸荠球茎上越冬，并可随作为蔬菜或种荠的球茎调运进行远距离传播。

③ 防治方法。

A. 首先明确该病的分布，对疫区进行封锁。

B. 严禁带病球茎或种荠向外调运。

C. 对带病种荠进行消毒。方法参见荸荠茎腐病的防治。

D. 药剂防治。在发病初期用50%苯菌灵可湿性粉剂1000~1500倍液，或50%多菌灵可湿性粉剂600~700倍液，或70%甲基硫菌灵可湿性粉剂1000倍液喷雾防治。每隔7~10天喷1次，连续防治2~3次。

(4) 荸荠小菌核秆腐病

① 症状。病部变黑腐烂，叶茎易折断，其内密生斜头黑色小菌核，地下根茎和球茎受侵染变褐色坏死。

② 侵染途径和发病条件。以菌核随病残体遗落在土中越冬。翌年春季，菌核随灌水漂浮水面，接触荸荠苗萌发菌丝侵染而致病。长期深灌水，后期脱水过早有利发病。

③ 防治方法。

A. 加强肥水管理。增施有机肥和钾肥，避免偏施氮肥，适时喷施磷肥，促苗健壮；同时管好水层，避免长期深灌水，中期适当搁田，后期防止过早断水。

B. 及早喷药防病。在荸荠封行初期或初发病时，喷20%三环唑井冈霉素悬浮剂800倍液，或40%多菌灵井冈霉素胶悬剂500~600倍液，或25%敌力脱乳油3000~5000倍液。

(5) 荸荠灰霉病

① 症状。主要在采收及贮藏期的荸荠球茎上发生,伤口处易发生。起初荸荠肉变棕褐色,后变软腐烂,上生灰褐色霉层,为病菌的分生孢子梗和分生孢子。

② 侵染途径和发病条件。以菌丝或分生孢子在荸荠的球茎和病残体上越冬。分生孢子借气流传播,从伤口入侵而致病。贮藏期湿度大则发病重。

③ 防治方法。

A. 选用无病种球育苗。

B. 种荠处理。在育苗前,先将球茎放在50%多菌灵可湿性粉剂500~600倍液中浸24小时,再催芽播种。

C. 贮藏期球茎用40%施灰乐悬浮剂100倍液,或25%灰霉胺可湿性粉剂800倍液,或50%速克灵可湿性粉剂1000倍液,或65%万霉灵可湿性粉剂1000倍液喷淋后冷藏。

2. 虫害

(1) 白禾螟

① 特性。又名"纹白螟""白螟"。属鳞翅目螟蛾科。寄主为荸荠。

② 为害症状。幼虫在茎秆基部蛀孔或钻蛀形成小虫道,初期荸荠秆顶端由绿色变黄色,数天后茎秆由上向下变为橘黄色并枯死。严重时全株枯死。分蘖期受害,分株少,苗不足。结球期受害,球茎变得小而轻,品质差,产量降低。

③ 生活习性和发生规律。成虫趋光性不强,不善飞翔,白天停息在荸荠茎秆上,羽化、交配、产卵均在夜晚。成虫羽化1天后就交尾。产卵有趋绿性,喜产在荸荠茎秆上离茎尖1.6~10厘米处,每茎1块,少数2~3块。雌虫一生可产卵4~5块,平均每一卵块含卵200粒左右。初孵幼虫善爬行,并能吐丝随风飘落,一般爬至近水面9~15厘米处时钻入茎内,并在茎内穿透横隔膜向下蛀害,蛀孔椭圆

形，边缘黑褐色。幼虫分5龄，低龄幼虫有群集性，2~3龄后转株为害，一般孵化后3天植株可出现枯心，21天出现枯心高峰，平均每一卵块（第三代卵块）可形成枯心苗51株。老熟幼虫爬至茎基部，头部朝下，并在其上方约6毫米处咬一羽化孔，然后作茧化蛹。

在江浙一带一年发生4代，以幼虫吐丝结薄茧在荸荠茎中或残株上滞育越冬，翌年开春，转移至附近莎草科、禾本科杂草或作物上取食，5月上旬化蛹，5月下旬至6月上旬越冬代开始羽化，6月中旬盛发。第一代发生在6月上旬至7月中旬，第二代发生在7月中下旬至8月中旬，第三代发生在8月上旬至9月中旬，第四代是不完全代，9月中旬至翌年6月上中旬，实际上在当年10月中旬后进入越冬期。第二、第三代成虫在荸荠种苗田和本田产卵，发生量大，为害最重，为主要为害世代，也是防治重点。凡是早栽荸荠施肥多、植株生长嫩绿的田块，受害期长且重。

④ 防治方法。

A. 荸荠收获后清除残株枯茎，集中烧毁或沤肥。

B. 消灭越冬虫源。5月上旬越冬蛹羽化前铲除田间荸荠自生苗和杂草。在各代化蛹高峰期灌深水淹死部分虫蛹，可压低虫口基数。

C. 适时栽种。在7月中下旬栽种，可避开第二代为害，减轻第三代为害。

D. 药剂防治。在7月中旬至8月中旬，掌握在第二、第三代孵化高峰前2~3天施药。可选用25%杀虫双水剂500倍液，或5%锐劲特悬浮剂2000~2500倍液，或50%杀螟丹可湿性粉剂1000倍液喷雾防治。

(2) 尖翅小卷叶蛾

① 特性。属鳞翅目卷叶蛾科小卷叶蛾亚科。寄主为荸荠、席草及莎草科杂草。

② 为害症状。被害茎秆绿色变淡，植株生长停止，易折断，造成枯心苗。

③ 生活习性和发生规律。成虫有趋光性，白天停息在荸荠基部，晚上8~12时

是活动高峰。成虫羽化后即交尾产卵,卵产于距地24~70厘米嫩绿色茎秆上为多,卵块排列成1~2列,每卵块有卵4~5粒,最多15粒。幼虫有吐丝习性,可随风飘移扩散至其他植株上。从离水面1.5~3厘米处茎秆侵入,从中部侵入的可使植株折断,蛀孔外留有虫粪。幼虫分4龄,3龄后开始转株为害,能为害4~7株,造成枯心苗。幼虫期18~26天,老熟幼虫在化蛹前转移到健株上咬好羽化孔,在茎秆内作茧化蛹。

尖翅小卷叶蛾在江苏一年发生5代,以3龄幼虫在席草留种田、荸荠残茬及莎草科杂草内越冬。翌年4月上旬温度在12℃左右时,越冬幼虫开始活动,从越冬株转移到健株化蛹。4月中下旬田间见蛾,第一代发生在5月上旬至6月上中旬,为害席草、莎草;第二代发生在6月中旬至7月中旬,为害荸荠、席草、莎草;第三代发生在7月下旬至8月中旬,为害荸荠、莎草;第四代发生在8月下旬至9月中下旬,为害荸荠、莎草;第五代发生在9月中下旬至10月中下旬,主要为害莎草、席草留种田。以第二、第三代发生数量为多,对荸荠有一定危害。凡席草与荸荠混栽地区,发生量大,危害重。田边莎草科杂草多,越冬基数大,次年发生危害也多且重。

④ 防治方法。

A. 深水灭蛹。在老龄幼虫开始化蛹前保持田间湿润,以降低化蛹部位,然后再灌7~10厘米的深水,保持5~7天可杀死蛹。

B. 点灯诱蛾。利用成虫有较强的趋光性,进行田间点灯诱蛾。

C. 清除田间莎草科杂草,春季可压低越冬虫量,有利于破坏各代产卵场所,压低各代发生量及减少越冬基数。

D. 药剂防治。在卵块孵化高峰期,用25%杀虫双水剂500倍液或48%乐斯本乳油1500倍液喷施。在防治策略上应狠治第二、第三代。

（四）加工技术

1. 荸荠粉

（1）原料选择　选用老熟荸荠或外贸出口的下脚料残次品，其中以11月上旬前后采收的老熟荸荠出粉率为高。

（2）削皮、漂洗　荸荠洗去泥土后削皮，清水漂洗干净。

（3）切碎、打浆　将荸荠切块，用钢磨粉碎机打磨成粉渣。

（4）过筛、滤渣　经打磨后的粉渣用粗、细筛（100目）过滤，粉浆留在缸内沉淀。

（5）漂洗、沉淀　倒去缸面残渣、杂质、汁液，换入清水搅拌、再沉淀、再漂洗，重复2~3次。最后将洁白的湿粉倒入布袋，沥去余水。

（6）晒干、粉碎　将粉团及时掰开烘干或摊成薄层，置阳光下迅速晒干，使含水量降至13%以下。

（7）包装、检验　将晒干的洁白荸荠粉及时用聚乙烯薄膜袋定量包装封口，外用铁桶或纸盒包装，再进行成品检验。

（8）进库贮存　成品贮存须注意室内通风防潮，避免阳光直射导致变质。

2. 清水马蹄

（1）原料选择　选用新鲜平脐荸荠，要求直径大于2.5厘米，色红、鲜艳，剔除病虫、腐烂、畸形荸荠。

（2）清洗、削皮　清水浸泡，洗去污泥，漂洗后用专用小刀先削去顶芽和脐面，再以滚刀法旋去四周边皮，俗称"快三刀"，再剔除残余果皮黄衣和黑点。

（3）漂洗、分级　将削白的荸荠按大小分级（一级直径在3.5厘米以上，二级直径在2.5~3.5厘米）漂洗。

（4）烫漂、切片　将不同规格的削白荸荠放入90~95℃的热水中烫漂，水与原料比为10∶1，时长为1分钟，然后迅速在冷水中搅拌冷却，再放入冷水中静止冷却20分钟。如成品为马蹄片，则需用机器切片，厚度0.4厘米左右。

（5）预煮、灌装 将冷却后的荸荠倒入存蒸馏水的容器中，并加入0.1%~0.2%柠檬酸预煮10分钟左右，使中心温度达55℃，随即迅速冷却。再根据罐形和固形物含量定量灌装，一般用马口铁罐，固形物采用整只或片状荸荠，含量不低于60%，另加0.1%柠檬酸和1%的白糖热溶液，并保留顶隙6~8毫米。

（6）排气、密封 排气前先将罐盖套在罐口上，采用水浴排气，排气温度90℃左右，罐内中心温度75℃左右，排气10分钟左右。然后盖盖、封罐。

（7）杀菌、冷却 将密封后的罐头放入加压杀菌釜中，在110℃高温下杀菌15~30秒，然后迅速减压、降温冷却，或采用沸水常压灭菌5分钟，取出后放通风处冷却。

（8）包装、检验 待罐头冷却至常温后再行检验和包装。

4. 糖水马蹄

糖水马蹄加工工艺基本同"清水马蹄"，但多采用玻璃瓶整荸荠罐装，内销居多。固形物含量60%，另加20%~25%的糖水。排气温度在95~98℃，瓶内中心温度在70~75℃，排气8分钟左右。杀菌温度115℃左右，杀菌时长15~45秒。

5. 速冻马蹄

速冻马蹄的前道工序基本同"清水马蹄"。

经杀青冷却后的整只荸荠或片状荸荠，采用流态化速冻装置或螺旋式速冻装置获得冻结均匀的整只荸荠或荸荠片，称量后用聚乙烯薄膜袋包装，外用纸箱包装，每箱10千克，最后检验、标贴、入库，在-18℃低温冷库中保存。

6. 风干荸荠

荸荠自12月中下旬开始采收，至2月上旬止，此时糖分含量较高、淀粉减少，味甜，品质最好。将新鲜荸荠从泥中带湿挖起，剔除伤残、腐烂者，保留有顶芽且只形完整、大小均匀者，拽掉脐部匍匐茎，去除泥块，荸荠外留有泥浆，然后装入蒲包（不宜过满，以免影响风干效果），挂在屋下通风阴凉处自然风干。这种荸荠表面皱缩，贮藏期长，糖分含量高，吃口细腻，别有风味，是馈赠亲友的佳品。

七、慈姑

（一）生长发育

慈姑的生长发育可分为萌芽期、茎叶生长期、球茎膨大期、开花结实期和越冬休眠期等5个时期。

1. 萌芽期（4月上旬至4月下旬）

春季旬均气温达13℃以上时，球茎顶芽开始萌动，顶芽基部1~2节伸长，第三节上鳞片转绿并张开，随后由芽鞘抱合的中轴抽生出过渡叶1~2片，呈2叉或3叉状，并在顶芽第三节发生白色线状细根，长出箭形正常叶1片。

2. 茎叶生长期（5月上旬至8月下旬）

此时旬均气温达18~29℃，开始每7~10天抽生1叶，以后随着气温的升高，每5天抽生1叶，叶面积亦不断扩大，至8月中下旬植株叶片生长达到顶峰，叶片数可达11~14片，叶面积亦最大。当叶片长到7张时，植株短缩茎上的腋芽开始萌发生成匍匐根状茎，每长1片叶，即长1条根状茎。这时合理的水肥有利于茎叶生长，氮肥过多、水位过深易造成植株徒长，延后结球；反之，缺肥、缺水则会造成植株矮小，提前结球而球形瘦小。

3. 球茎膨大期（9月上旬至11月上旬）

此时旬均气温由25℃逐渐降至15℃，日照开始变短，植株生长缓慢，每10~14天抽生新叶1张，叶片变小。此时植株养分开始转移至球茎中贮藏，球茎不断膨大。10月下旬以后，地上部叶片开始枯黄。一般每株慈姑可结球11～14个，多则20个。

4. 开花结实期（9月上旬至11月上旬）

随着日照时间的变短，球茎膨大，部分植株可抽生花枝，并开花结实。

5. 越冬休眠期（11月上旬至翌年3月下旬）

在气温由15℃降至3℃的过程中，慈姑植株地上部停止生长并枯死，养分全部转入球茎中贮藏，进入越冬休眠期。

（二）栽培技术

慈姑的栽培比较粗放，但要获得高产必须注意早发棵，使结球期能有较大的叶面积和根系，并在良好的日照、夜间低温及适宜的水肥管理下获得高产。

1. 茬口选择

苏州地区栽培慈姑，根据其栽种时间可分为早水和晚水两种。早水多选用冬闲田、油菜田和两熟茭的夏茭茬或早藕茬种植，方法采用育苗移栽或在茭白收获后期于行间套栽慈姑顶芽。晚水多选用早稻茬育苗移栽。此外，苏州地区还有利用灯（席）草茬在其生长后期将顶芽套栽于行间者，也有利用冬闲地或藕秧田春种冬收者，一年一熟，俗称"放黄慈姑"。

2. 培育壮秧

慈姑育苗有利用整个球茎育苗和只用球茎顶芽育苗两种方法。其中华南地区的"白肉慈姑""沙姑""马蹄姑"等均以球茎育苗，即利用球茎顶芽萌发成幼苗，并不断抽生匍匐茎，匍匐茎顶芽再发育成分株苗，当其长到3～4叶时拔出移栽，分枝苗成长后又生分枝苗，这样利用匍匐茎生长的特性，分批移苗，大量繁殖。苏州地区则切1/3球茎加顶芽育苗，即将球茎贮藏到春播前折芽育苗。

（1）催芽　早水慈姑一般在4月上旬将球茎顶芽切下，丢入水塘催芽，或用窝席围好，上盖湿草，并随时浇湿，保持15℃以上气温，10~15天出芽后即可插芽育苗。每亩大田需用顶芽10~12千克（种茎80千克左右）。晚水慈姑于5月上旬将堆藏的球茎取出，也可不经催芽而直接育苗。

（2）育秧　选背风向阳的肥沃水田，于3月底至4月初每亩施足河泥和厩肥约750千克，带水耕耙2~3次，随即耙平。水澄清后做秧田，秧田宽1.3~1.6米，秧田间留走道40厘米左右。4月下旬插芽育苗，行株距8~10厘米见方，秧田面积大的行株距可放到13厘米见方。栽插深度一般要求顶芽第三节位入土1.5~2.0厘米，以利生根。如果土壤疏松，可将顶芽入土2/3，以防放水后顶芽浮起。

（3）管理　插秧后为促进顶芽生根和秧苗生长，应浅水管理以提高土温，如遇寒流则适当灌深水保苗，过后再改浅水。

3. 大田栽植

（1）大田准备　早水慈姑如以茭白、席草为前茬套种，因其土质较肥，大多不再另施基肥，多在茭白、席草行间耘草，并将茭白枯黄老叶打除（拆箬），以利通风，然后将慈姑顶芽或秧苗栽入行间。为提高茭白茬慈姑的产量，增加栽植苗数，茭白栽植应改宽窄行（宽行60厘米，窄行40厘米）为等行距（行距为50厘米）。增施基肥亦可防止慈姑早衰。晚水慈姑则以早熟藕、茭白、席草和早稻为前茬，待早稻收割后及时耕耙，并每亩施入腐熟厩肥2000千克或湖草3000千克，踏入泥中作基肥。

（2）适时栽植　冬闲田的早水慈姑于5月下旬栽植，茭白茬套种慈姑于5月下旬套栽行间，席草茬套种慈姑于4月上旬至5月上旬套栽。晚水慈姑多在早稻收割后2~3天内抢种，一般在7月底至8月初种完，苏州地区最迟不超过8月8日。

（3）合理密植　早水慈姑生长期长，发棵大，在肥沃的空闲地种植行距60厘米、株距30厘米，亩栽3000株左右。茭白茬套栽慈姑行距50厘米、株距35厘米，亩栽4000株左右。晚水慈姑大田生长期短，发棵小，一般亩栽5000株，行株距各35厘米。但基肥较足、秧苗较大的稻茬慈姑要适当稀栽，行株距各40厘米，亩栽4000株。

栽植前先连根拔起秧苗，摘去外围叶片，留叶柄15~20厘米，以防苗大而改移栽后遇风倒伏。栽时将秧苗根部插入土中10厘米左右，并摊平浮泥。

4. 田间管理

（1）水分管理　慈姑整个生育期应保持浅水—深水—浅水，严防干旱。苗期植株小，蒸发少，宜保持水深2~3厘米，以提高土温，促进发棵。活棵后至匍匐茎抽生前（6月上旬至7月上旬）保持水深7~10厘米，匍匐茎抽生前后，正值天气炎热，宜增加水深至13~20厘米，尤以灌夜水降温为佳。植株生长后期（8月下旬至10月下旬）天气转凉，植株需水量和田间蒸发减少，再降水位，保持7~10厘米，直至放水保湿，以促进球茎形成。

（2）增施钾肥　基肥是慈姑营养的主要来源，施足基肥、增施钾肥可改良土壤物理性状，改善慈姑品质，获得高产。据苏州市蔬菜研究所试验，在厩肥基础上每亩增施15千克氯化钾，每亩可增产20%~25%。8月下旬正值慈姑膨大期，应适当追肥，每亩施人粪尿1000~1500千克或三元复合肥料10千克，其余时间可视苗情适当追施氮肥。

（3）除草捺叶　与茭白、席草套作的慈姑，在前作收割后要及时在行间耘耥除草2~3次，稻茬慈姑一般除草1次即可，当植株生长匍匐茎后不再耘耥。为改善通风和光照条件，提高光合作用能力，结合防治病虫害，应定期捺叶。一般在大田栽植15~20天后开始将植株外叶剥除，埋入株旁土中，留中央绿叶5~8片。以后每隔20天左右捺叶1次，共捺叶3~4次，直至大量抽生匍匐茎和结球为止。

5. 适时收获

长江流域一般于 11 月初遇到严重霜冻，地上部枯萎倒塌后开始采收，直至翌年球茎萌芽止。可随时挖收，一般在排水后用手挖取，亩产 750~1000 千克。

留种慈姑在田间越冬。

6. 选种留种

留种慈姑首先应在生长期间选择具有本品种特性的植株做母株，经过冬季露地越冬后于 3 月下旬挖起，并在这些母株上选留具有本品种特性的、只形圆整、紧实且顶芽饱满的球茎做种。根据老农经验，慈姑应选择顶芽稍弯曲的球茎做种，因为弯曲顶芽生长成的植株不易疯长，并且早熟，其中苏州黄慈姑还应注意选择短柄三道衣的球茎做种。

晚水慈姑因种植较晚，如将种茎留在田里不及时挖取则会发芽、生长，挖起后如果不及时栽种，秧苗又会疯长，至秋季不能做种，因此在 3 月下旬挖起后还需再经过堆藏。具体方法是先在室内带泥堆放，厚 30~35 厘米，待种茎外泥略干可捏成团时，选一避风处在泥地上做堆贮藏。堆高 70~80 厘米，底宽 1.7~2 米，长度不限。堆后在四周盖一层稻草，厚 2~3 厘米，草外糊河泥，让顶部敞开，1 周后堆顶再铺泥块和草片，几天后如果发现糊泥干裂，则应再加一层泥浆，将裂缝糊死，待育苗时再取出。

为保证大田用种，每亩应选留种茎 100 千克左右。

（三）病虫防治

1. 病害

（1）慈姑黑粉病

① 症状。病害从子叶期至生长期均可发生，能为害叶、叶柄、花、子房和球茎。初期叶片上出现褪绿色的椭圆形或不规则形边缘不明显的病斑，叶正面略突

起，叶背面凹，后成黄色或橙黄色的疱，约2天后疱状病斑四周破裂出现乳白色汁液，病斑变灰褐色，表皮破裂露出黑色的孢子层。病斑大小不一，小斑直径1~2毫米，大斑直径10~20毫米。发病严重时整片叶子呈疱状皱卷，最后枯萎。病害发生在叶柄上形成长椭圆形带有纵沟的疱状突起，后变枯黄色，表皮破裂散发出黑粉孢子团，叶柄易折断，叶片常提早烂死。花器受害后，子房变成黑褐色。球茎受害形成不规则黑褐斑，表皮开裂露出黑褐色孢子层，易引起球茎腐烂，影响食用。

② 侵染途径和发病条件。病原菌以厚垣孢子附在种茎上或随病残体遗落在土壤中越冬。在翌年4月中下旬，日平均温度在15℃时，厚垣孢子萌发产生担孢子，借气流、雨水或田水传播进行初侵染和再侵染。早茬慈姑一般在6月中下旬进入发病盛期，7月上旬至8月初达到发病高峰，9月份发病趋于稳定。晚茬慈姑发病偏迟，7月上旬发病进入始盛期，7月下旬至8月中上旬是发病高峰。如果6—9月雨量多和温度偏高，病害发生就重。偏施氮肥植株生长幼嫩，过度密植及连作地发病早且重。品种间抗性有差异，"苏州黄"和"紫圆"较抗病。

③ 防治方法。

A. 收获后彻底清除病残体，集中烧毁或沤肥。

B. 选用无病顶芽或种茎。

C. 实行轮作，合理密植，每亩栽4500株左右。

D. 加强田间管理，及时摘除枯黄病叶和老叶，注意通风透光和水浆管理。避免长期深灌水，做到干干湿湿，促进根系发育，增强植株抵抗力。

E. 施用酵素菌沤制的堆肥或充分腐熟的有机肥。

F. 顶芽或种茎用20%三唑酮乳油1000倍液，或50%多菌灵可湿性粉剂800倍液浸1~3小时。

G. 发病初期喷洒50%多菌灵可湿性粉剂800倍液，或50%多菌灵可湿性粉剂

1000倍加75%百菌清可湿性粉剂700倍液，或40%"多·硫悬浮剂"500倍液，或15%三唑酮可湿性粉剂1500倍液，或20%"福·腈菌唑可湿性粉剂"2000倍液或70%甲基硫菌灵可湿性粉剂600倍液。每隔5~7天喷1次，连续防治2~3次。多阵雨季节，雨后要及时用药补防。

（2）慈姑叶斑病

① 症状。主要为害叶片、叶柄和茎。叶片染病初期，在叶片或叶柄上生锈褐色小点，四周有黄晕后病斑扩展至数个病斑融合，致叶片干枯，叶柄的近水面处缢缩而倒伏。茎上染病，与叶片上症状相似。

② 侵染途径和发病条件。以菌丝体和分生孢子在病残体上越冬。翌年分生孢子借风雨传播，侵染叶片。病部产生新的分生孢子后，借风雨传播进行再侵染。菌丝生长、孢子萌发和产生孢子的最适宜温度在25℃左右。江浙一带7月开始发病，8—10月发病严重，南方10—12月发生普遍。地块间危害轻重有差异。

③ 防治方法。

A. 慈姑采收后及时清除病残体，集中烧毁。

B. 施用充分腐熟的有机肥或酵素菌沤制的堆肥。

C. 加强田间管理，发现病叶及时摘除，防止传播蔓延。

D. 发病初期喷洒50%苯菌灵可湿性粉剂1000倍液，或50%"甲基硫菌灵·硫磺悬浮剂"500~600倍液，或40%百菌清悬浮剂600倍液。每隔10天左右喷1次，连续防治2~3次。收获前5天停止用药。

（4）慈姑软病

① 症状。主要为害球茎、茎鞭和叶柄基部，病部初期水渍状，后腐烂，有腥臭味，叶部染病后常出现倒叶，球茎发病则影响品质和产量，严重者不能食用。

② 侵染途径和发病条件。病菌在球茎或随病株遗留在土中越冬，通过雨水、

灌溉水、种茎传播蔓延，经伤口、虫伤口侵入，污水田或慈姑钻心虫为害重的田发病重。

③ 防治方法。

A. 及时治虫，减少伤口。

B. 发病初期喷施 72% 农用硫酸链霉素 4000 倍液，或 15% 溴菌腈可湿性粉剂 1000 倍液，或 57.6% 冠菌清干粒剂 1000 倍液，或 4% 春雷霉素 400~500 倍液，每隔 7 天喷 1 次，连续防治 2~3 次。

2. 虫害

（1）慈姑钻心虫

① 特性。属鳞翅目细卷叶蛾科。寄主以慈姑为主，荸荠、水花生也可受害。

② 为害症状。幼虫常从离水面 1~3 厘米的叶柄处钻入茎内或叶表面内，在叶柄内逐渐向上蛀食，2 龄后可转株危害。受害叶柄出现黄斑，叶柄易折断，影响地下茎生长，使球多小且少。

③ 生活习性和发生规律。成虫昼伏于慈姑植株各部，夜出为害、交配。卵喜产在绿色的叶柄和叶片上，以叶柄中下部为主，占 82.4%。卵块大小不一，3~4 行排在一起呈鱼鳞状，有卵 14~157 粒。幼虫分 4 龄。越冬幼虫有群集性，每株残茬中可有十几头。幼虫抗寒性较强。老熟幼虫在叶柄内化蛹，化蛹前先咬好一个羽化孔，在离羽化孔不远处化蛹，头向下，蛹尾有丝黏结在叶柄内壁上。羽化后，蛹壳竖立在羽化孔外。

慈姑钻心虫在江浙一带一年发生 3~4 代。以老熟幼虫在慈姑的残株叶柄中越冬，以离地面 2~3 厘米处为多。翌年旬平均温度达 23℃时开始化蛹，6 月上旬进入始蛹，6 月中旬进入化蛹高峰，6 月下旬羽化产卵。第一代幼虫为害高峰期在 7 月中旬，主要为害早茬慈姑；第二代幼虫为害期在 8 月中旬；第三代幼虫为害期在 9

月至10月上中旬，是全年为害最严重的一代。第三代是不完全世代，10月底11月初老熟幼虫开始越冬。若秋季温度较高，10月上中旬还可发生不完整的第四代。由于越冬代成虫发生期较长，世代重叠。

④ 防治方法。

A. 清除越冬场所，减少越冬基数。晚秋初冬及时拔除慈姑残株，集中烧毁或沤肥，可压低虫源。

B. 药剂防治。在孵化高峰期，每亩撒施5%杀虫双颗粒剂1.5~2千克或3%辛硫磷颗粒剂1~1.5千克。亦可每亩用150毫升的48%乐斯本乳油兑水250千克泼浇。

（2）莲缢管蚜　参考莲藕部分病虫防治的相关内容。

（四）加工技术

1. 保鲜出口

（1）原料选择　选用新鲜慈姑，要求直径大于2.5厘米，剔除病虫危害、腐烂、伤残慈姑，以冬季11月开始采收的成熟度较适宜。

（2）清洗去衣　清水浸泡，洗去污泥，漂洗后再次进行优选，剔除伤残慈姑，并根据客户要求去衣（球茎上环生的褐色羽状变形叶）或不去衣。去衣者应用小刀从基部切平，剥去环生羽衣，保留顶芽，洗净，晾干。

（3）分级包装　慈姑分级标准因采收季节和栽培条件不同略有差异，更因品种及客户要求不同而异。一般可分为3个等级：S级直径2.5~3厘米，约占20%；M级直径3~3.5厘米，约占70%；L级直径3.5~4厘米，约占10%。用聚乙烯薄膜袋纸箱包装或聚乙烯薄膜袋柳条筐包装。纸箱规格为40厘米×28厘米×12厘米，可装净重5千克的慈姑。

（4）检验运输

产品通过检验后多用冷藏集装箱运输，温度控制在0~2℃。

2. 油氽慈姑片

（1）原料选择　选用新鲜慈姑，剔除小慈姑及病虫危害、腐烂、伤残慈姑，以冬季采收者为佳。

（2）清洗、切片　清水浸泡，洗去污泥。漂洗后用刀切去顶芽及脐带，切成0.5厘米薄片。

（3）盐水浸泡　将切好的慈姑片放在2.5%淡盐水中浸泡10分钟左右，捞起后晾干。

（4）油炸冷却　将菜油或色拉油倒入锅里，旺火烧到七成热，分批放入晾干的慈姑片，氽到呈金黄色，捞出、沥油，冷却后即成微咸而脆的慈姑片。

（5）包装、贮藏

油氽慈姑片宜现炸现吃，如需存放或运输销售，则应采用铝箔复合包装袋定量密封包装，并在低温干燥环境下贮藏。

八、水芹

（一）生长发育

水芹的生长发育一般可分为幼苗期、旺盛生长期、缓慢生长期、拔节抽薹期和开花结实期等5个时期。

1. 幼苗期（8月下旬至9月中旬）

此期旬均气温较高，由高温27℃逐渐降为23℃，经催芽后的种茎横向排于土面，其腋芽萌发向上长出新叶，向下长出新根，形成新株。

2. 旺盛生长期（9月中旬至10月下旬）

此期旬均气温由21℃下降至15℃，十分适宜水芹生长，叶片生长旺盛，分蘖加快，形成株丛。这一时期是营养生长和形成产量的关键时期，宜适当增施氮肥和钾肥，逐渐加深水位。

3. 缓慢生长期（1月上旬至翌年3月下旬）

此期旬均气温由15℃逐渐下降到3℃左右，植株茎叶生长缓慢，分蘖停止，植株经移苗深栽后，开始由土层软化，地下部逐渐转成白色。地上部利用少量叶片进行光合作用，制造养分，使叶柄变粗，叶片增大、变厚，这时可根据市场需求分期分批采收上市。为防止0℃以下寒潮的侵袭，应注意及时灌深水护根，但不能将植株没顶。

4. 拔节抽薹期（4月上旬至6月下旬）

此期气温回暖，气温从旬均12℃逐渐上升至旬均25℃，越冬植株分株移栽后，生长加快，茎基部萌生较多分支并拔节抽薹。茎长60~80厘米，长的可达1米以上，绿色，可进行光合作用制造养分，各节叶腋中形成休眠芽，茎端抽生复伞形花序。这一时期要注意前期浅水，水层保持在4~6厘米。以后因气温回升，植株封行，应落去水层，保持土壤湿润，防止种株腐烂。同时应适当控制氮肥，增施磷钾肥，增强植株抗病和抗倒伏性，促进休眠芽壮实。

5. 开花结实期（7月上旬至8月中旬）

此时气温继续上升，一般在27~29℃，植株开始开花，结实。茎秆变粗，老熟，休眠芽长足，粗壮。

（二）栽培技术

水芹生长要求气候凉爽、光照充足，宜在冷凉短日照的秋冬栽培。苏州地区一般于8月下旬至9月下旬分期排苗栽种，11月上旬至翌年3月底采收。水芹生长需肥量大，以氮肥为主，要求在土质肥沃、土层深厚的黏土地种植，田块沟渠相通，能灌能排，其栽培技术要点如下。

1. 茬口

水芹多以莲藕为前茬，尤以茭白后的藕为居多，即在秋种两熟茭的翌年夏茭采收前套种晚藕，待藕采收后种植水芹。但亦有在熟茭采收前套种水芹者，待茭白采收后加强管理，收获水芹。近年来，气候偏暖，利用芡实收获结束后再种水芹也获得了成功。

2. 育苗

水芹由于种子发育不良，不适合用种子繁殖，而多采用种茎无性繁殖。早熟品种一般在8月上旬，中晚熟品种在8月下旬至9月中旬育苗。当留种茎长到长1米、粗1厘米左右时，齐地面割断，并切去上部嫩梢，清除杂草、杂物，在清水中漂洗后，齐根整理排好捆成直径15厘米左右的圆捆，每捆腰部用稻草捆扎2~3道，然后将捆好的种茎码垛在沟渠上或树荫下，上层与下层间都要成"十"字交叉，以利通风，垛底和垛顶用柴草铺垫和覆盖，垛高1米左右。每天早晚要向垛堆泼浇凉水，保持湿润，这样可以使芽粗壮，防止疯长。3天后开始翻垛，并清除烂叶，必要时还要用清水漂洗。经2~3次翻垛，于8月下旬即可排种。晚播品种催芽时间短，可不翻垛而直接排种。

3. 排种

水芹是叶菜须根系，需肥量较大，田块必须平整。可先施足基肥，耕深20~25厘米，并耙细、匀平。基肥选用厩肥，每亩1000~2000千克。适当增施磷钾肥可以改善品质，增强耐寒能力，提高产量。在种茎芽长至3厘米左右时即可排种，一般选择在晴天下午或阴天进行。为便于今后操作管理，每隔2米左右留一条走道，操作时采用整条种茎顺序横排，边排边后退，种茎间距5~6厘米，顺长排列时则要求头接。如种茎过长不易平稳贴于土表,则可切成 2~3 段再排。排种时切记种茎要紧贴地表,这样既不易被水冲掉,又不易晒干芽头。排种后放浅水盖住种茎即可,一则有利于提高地温,早活棵,再则种茎也不易漂起。9 月上旬种茎开始腐烂,种基上的新芽亦长出新根,形成独立小苗,这时可结合除草适当移密补稀,使全田植株生长一致,每亩用种量 200 千克左右。

4. 灌水

排种后保持田面湿润,不干不淹。10 天左右,当苗高 10~15 厘米时,要排干水控一控,促使植株生根下扎。水芹在软化移栽后,先灌 3~5 厘米浅水,使田表土下沉护根。1~2 天放干水,促进扎根,直至土裂细缝为止,以后再保持水位 3~5 厘米。冬季严寒时可深灌水 7~10 厘米,保苗越冬。

5. 追肥

水芹排种缓苗后,叶色放青,进入旺盛生长期,即可追肥。一般用人粪尿 2~3 次,每次每亩 200 千克。或追施尿素、复合肥,每次每亩 10~20 千克。进入软化栽培后不再追施粪肥。追肥前应先排干田水,追肥 12~24 小时后再灌水。

6. 软化

10 月中下旬,当植株高度长到 30 厘米时,为提高水芹的品质,苏州地区都会进行软化栽培。方法是将芹菜拔起,15~20 株合并成一簇,在本田里按株行距 15~20 厘米深栽土中(本田苗大多仍可栽满本田),深度在 15 厘米左右,以不影响叶的生长为度(深水水芹则以逐步加深水位来软化茎叶)。

7. 采收

水芹软化移栽后 20 天左右即可陆续采收。采收时间从 11 月中下旬开始至翌年 3 月止,此时市场蔬菜供应正处于淡季,价格较好,尤以 1 月至春节前是水芹销售的黄金季节,价格最好。春节后气温回升,蚜虫、水蛭增多,品质下降,市场销售呈下降趋势。但此时叶色转绿，产量提高。一般水芹亩产在 3000 千克。深水水芹亩产可达 8000 千克以上，但叶柄黄绿，品质差。

此外，溧阳白芹等品种还可采用水芹旱种技术，其方法如下：9 月份先将芹菜田施足基肥（人粪尿或腐烂厩肥），翻耕后整平，并做畦宽 1~1.2 米，高 15 厘米，沟宽 50 厘米，在畦面上间隔 30 厘米开深 5~6 厘米的浅沟，将种茎顺长排在沟中，浅覆土，以盖没种茎使其不受太阳直晒为宜，浅灌水，待茎芽出土后再逐渐培土，加深土层，每加一次土，均要浇透水。一般生长期培土 3~4 次，厚度 7~9 厘米，培土越深，芹菜越嫩，品质越好，产量越高。

8. 选种留种

水芹的选种、育种多采用单株选择和系统选育的办法。3 月上中旬在采收商品水芹的同时要做好选种工作。一般选择基部粗壮、节间短、直立、丛生、尚无分株、无病虫害且具有该品种特征特性的植株留做种株。每株以 15~20 厘米株行距栽入留种田，深度以不浮起为度。留种田施肥量不必过大，一般每亩用厩肥 500 千克，或在生长期追施人尿 1~2 次，每次每亩 1000 千克。田块要求干干湿湿，防止大水大肥，否则植株生长过旺易烂秧。留种田还要注意清除杂草和防治蚜虫。4 月上旬至 7 月上旬种株抽生、拔节、开花、结籽，并随着气温的升高，植株茎秆老熟，侧剑满田，叶片凋枯，在老茎茎节叶腋中形成越夏休眠芽。1 亩留种田种芹一般可以栽植 10~15 亩大田。

（三）病虫防治

1. 病害

（1）水芹花叶病毒病

① 症状。常见的有两种类型。一是病叶初期明脉和黄绿相间的疱状花斑，叶柄黄绿相间并短缩扭曲，叶畸形，出现褐色枯死。另一种是叶片出现黄色斑点，后

全株黄化、枯死。有的两种症状混合出现，混合为害，染病早的心叶停止生长或扭曲，全株瘦小或枯死。

② 侵染途径和发病条件。病毒能在土壤中的病残体上或者多年生的宿根寄主体内越冬。黄瓜花叶病毒和芹菜花叶病毒在田间主要通过蚜虫进行非持久性传毒，也可通过人工操作或接触摩擦传播。传毒蚜虫有棉蚜、桃蚜、胡萝卜微管蚜、柳二尾蚜等。蚜虫在芹菜或水芹病株上刺吸时可带毒，再为害健康水芹时即可使其染病或进行重复侵染。高温干旱有利于蚜虫繁殖，蚜虫数量多且发病重。水芹菜缺肥，生长不良，移苗时引起水芹菜表皮破损，或风雨等擦坏叶子易引起病毒病发生。

③ 防治方法。

A. 实行轮作。与豆科作物进行水旱轮作。

B. 及时清除田间、田岸、塘边杂草。

C. 避开高温干旱季节育苗，必要时可采用遮阳网进行遮阳。加强肥水管理，培育壮苗，增强抗病能力。

D. 在有翅蚜迁入盛期，及时喷洒高效杀虫剂灭蚜。可用10%吡虫啉可湿性粉剂2000倍液，或70%艾美乐水分散颗粒剂2000~3000倍液喷洒。

E. 发病初期喷施1.5%植病灵乳剂1000倍液，或40%克霉宝可溶性粉剂1000倍液。每隔5~7天喷1次，连续防治2~3次。

（2）水芹斑枯病

① 症状。主要发生在中下部叶片上。叶上初期生褐色小斑点，后逐渐扩大呈椭圆形至不定形，直径3~4毫米，中央灰白色，外有黄色晕圈，病部生有稀疏小黑点。

② 侵染途径和发病条件。主要以菌丝体在种株或病残体上越冬。翌年随种苗

栽植后，越冬的菌丝体在适宜的温湿度条件下产生分生孢子器和分生孢子。分生孢子借风雨传播到水芹的叶上，孢子萌发产生芽管，由气孔穿透表皮而侵入其内。经7~8天，病部又能产生分生孢子进行再侵染。在田间发病较快。该病从9月下旬开始发生，可延续到次年3—4月。

③ 防治方法。

A. 种植无病种苗。

B. 实行2年以上的轮作，以减少土壤带菌量。

C. 药剂防治。移栽后10天喷洒70%品润干悬浮剂500~600倍液，或75%百菌清可湿性粉剂600~700倍液，或70%安泰生可湿性粉剂600~700倍液。

（3）水芹锈病

① 症状。主要为害叶片、叶柄和茎。植株在幼苗期即受害。叶片上初生许多针尖大小褪色斑，呈点状或条状排列，后变褐色，中央呈疱状隆起即病菌的夏孢子堆，疱斑破裂散出黄色至红褐色粉状物，即夏孢子。后期在疱斑上及其附近产生暗褐色疱斑即冬孢子堆。叶柄染病，病斑初为绿色点状或短条状隆起，破裂后散出夏孢子。严重时被害部位病斑密布，表皮破裂，使植株蒸腾量剧增，最终致使叶片、茎秆干枯。

② 侵染途径和发病条件。以菌丝体和冬孢子堆在留种株上越冬。在南方，病菌可以夏孢子在田间辗转传播为害，完成病害周年循环，不存在越冬问题。天气温暖少雨或雾大露重及偏施氮肥，植株长势过旺则发病重。

③ 防治方法

A. 施足基肥，适时适量追肥，增施钾肥，以增强植株抗病力。

B. 发病初期及时喷洒15%三唑酮可湿性粉剂1500倍液，或70%代森锰锌可湿性粉剂1000倍液加15%三唑酮可湿性粉剂2000倍液，或25%敌速净乳油3000倍液,或20%"福·腈菌唑可湿性粉剂"2000~3000倍液。每隔10~20天喷1次,连续防治2~3次。

(4) 水芹软腐病

① 症状。发生在叶柄及基部,受害部位先出现水状、深糖色纺锤形或不规则形凹陷斑,后出现腐烂状。后期病株发黑发臭。

② 侵染途径和发病条件。病菌随病残体在土壤中越冬。病菌借助雨水或灌溉水传播蔓延,从植株的伤口侵入。病菌在4~36℃能存活,并能使水芹发病。发病的最适宜温度为25~30℃,病原寄主广,终年能发病。

③ 防治方法。参见慈姑软腐病的防治。

2. 虫害

(1) 蚜虫

① 特性。属同翅目蚜科。寄主为伞形花科作物的芹菜、水芹,忍冬科植物金银花、忍冬等,柳属植物等。

② 为害症状。以成蚜、若蚜吸食水芹的汁液,水芹受害后失水叶片蜷缩变黄,植株矮小,营养不良,严重时整株死亡,还能传播病毒病。

③ 生活习性和发生规律。胡萝卜微管蚜主要在5—8月为害水芹等蔬菜;10月产生有翅性母蚜和雄蚜,迁往忍冬科植物产卵越冬。早春越冬卵孵化,4—5月为害忍冬科植物,5月份有翅蚜迁入水芹等蔬菜为害。

柳二尾蚜以卵在柳属植物上越冬,3月初孵化,4—5月产生有翅蚜,向水芹、芹菜上迁飞为害,10月下旬产生雌蚜和雄蚜在柳树上交配产卵。

桃蚜全年发生20~30余代,生活史复杂,有迁移型和留守型两种,一般4月下旬至5月上旬向水芹等蔬菜上迁飞繁殖为害,10月中下旬部分向核果类果树迁飞越冬。发育最适宜温度为24℃,高于28℃则发育不良,全年出现春末夏初和秋季两

个为害高峰。

④ 防治方法。掌握在水芹受害卷叶率5%左右用药防治，可用50%抗蚜威可湿性粉剂2000~3000倍液，或10%吡虫啉可湿性粉剂1500~2000倍液，或70%艾美乐水分散剂20000~30000倍液，或20%灭扫利乳油2000~4000倍液喷雾防治。

(2) 朱砂叶螨

① 特性。又名"棉红蜘蛛""红叶螨""红蜘蛛"。属蛛形纲真螨目叶螨科。寄主广，对农作物、观赏植物及杂草均能取食。

② 为害症状。以成螨、若螨在水芹叶背面吸取汁液，为害初期，叶面上出现零星褪绿斑点，后这些斑点变成白色、黄色小点。严重时叶片变红、干枯、脱落，影响水芹正常生长。

③ 生活习性和发生规律。朱砂叶螨以两性生殖为主，也可有孤雌生殖，一生只交配1次，雄螨可多次交配。交配后1~3天，雌螨即可产卵。卵散产，多产于叶背。一般雌螨可产50~100粒，最多300多粒。朱砂叶螨有爬迁习性，往往先危害植株的下部叶片，然后向上蔓延。在繁殖数量过多、食料不足和温度过高时，即迁移扩散，可靠爬行或随风雨远距离扩散。其寿命长短、性别与取食的食料有关，雄螨一般在交尾后即死亡，雌螨可存活2~5周，越冬的雌成螨可存活数月。

在长江中下游流域一年可发生18~20代，以成螨、若螨群集潜伏于向阳处的枯叶内、杂草根际及土块、树皮裂缝内或水芹、芹菜上越冬。早春日平均温度达到10℃时，开始繁殖为害，一般在3—4月先在杂草、蚕豆等上取食，4月中下旬开始转移为害，6—8月是为害高峰，一般9月下旬至10月开始越冬。

④ 防治方法

A. 在早春或秋末结合积肥，清洁田园，消灭早春的寄主。

B. 保护天敌，控制危害。红蜘蛛的天敌很多，有各种捕食螨、食螨瓢虫、草蛉等，故要慎用农药。

　　C. 药剂防治。加强田间害螨监测，在点片发生时及时防治。在药剂的选用上，避免使用高毒农药，尤其是有机磷农药，以免杀伤大量天敌，使害螨易产生抗性，从而引起再猖獗。可选用20%复方浏阳霉素乳油1000倍液，或73%克螨特乳油1000倍液，或0.6%阿维菌素乳油2000倍液，或5%尼索朗乳油1500~2000倍液。

第三篇 "苏州水八仙"的生产标准

ICS 65.020.20
B 05

苏州市农业地方标准

一、芡实机械破壳加工操作规范

2018-12-31 发布　　　　　　　　　　　　　　2019-01-01 实施

苏州市质量技术监督局 发布

前　言

本标准按照 GB/T 1.1—2009 编写。

本标准代替 DB3205/T 135—2007《芡实机械破壳安全卫生操作规范》，与 DB3205/T 135—2007 相比，除编辑性修改外，主要技术变化如下：

——更新、补充了规范性引用文件；

——明确、添加了破壳机的分类与加工要求；

——增加、完善了加工用水要求及籽粒分级。

本标准由苏州市农业委员会提出。

本标准起草单位：苏州市农业科学院、吴江同里镇生元水八仙蔬菜专业合作社。

本标准起草人：王毓宁、隋思瑶、马佳佳、黄桂丽、刘凤军、鲍忠洲、怀于生。

本标准所代替标准的历次版本发布情况为：——DB3205/T 135—2007。

芡实机械破壳加工操作规范

1 范围

本标准规定了芡实（苏芡）种子机械破壳的术语和定义、原料要求、加工要求、加工工序、包装储存及废弃物处理的要求。

本标准适用于芡实（苏芡）种子的机械破壳。

2 规范性引用文件

下列文件对于本文件的应用是必不可少的。凡是注日期的引用文件，仅所注日期的版本适用于本文件。凡是不注日期的引用文件，其最新版本（包括所有的修改单）适用于本文件。

GB 4806.7—2016 食品安全国家标准 食品接触用塑料材料及制品

GB 4806.9—2016 食品安全国家标准 食品接触用金属材料及制品

GB 5749—2006 生活饮用水卫生标准

GB 14881—2013 食品安全国家标准 食品生产通用卫生规范

GB/T 34805—2017 农业废弃物综合利用 通用要求

NY/T 1042—2017 绿色食品 坚果

3 术语和定义

下列术语的定义适用于本标准。

3.1 苏芡

又名"南芡""南荡鸡头"，原产于苏州，人工栽培种。植株少刺，因品种不同，其果实、籽粒、米仁大小不一，种壳厚薄程度不同，品质好。可按不同成熟度分批采收，加工成休闲食品、干米和冻鲜米。

3.2 完熟籽（剥胚）

完熟籽俗称"剥胚"，指难以用手指甲掐入，但可用牙齿咬开的中等成熟的芡实种子，适宜于机械去壳的芡实种子。

3.3 去皮机

通过机械挤压方式，把芡实鲜苞里面籽粒与苞皮分离出来的装置。

3.4 分级机

将完熟籽按粒径大小，通过筛孔网进行分级的装置。

3.5 离心式剥壳机

通过金属叶片与完熟籽高速碰撞达到碎壳，同时通过离心力将米仁与破碎的外壳分离的装置，整仁率不低于90%。

3.6 冲压式剥壳机

按照完熟籽粒直径大小，分别放入不同级距孔位中，通过冲针与刀口把籽壳切割分离的装置，整仁率不低于90%。

4 原料要求

选用新鲜、无霉变、无腐烂，适用于机械破壳的完熟籽，质量应符合NY/T 1042—2017的规定。

5 加工要求

5.1 场地环境

加工场所应远离生活区和污染源，加工场地平整、光滑，清洁，加工期间应坚持及时打扫，保持加工设备及器具整洁。

5.2 操作人员

加工人员应经培训合格才能上岗操作,个人卫生与健康要求应符合 GB 14881 的规定。

6 加工工序

6.1 去苞皮

将芡实苞分批倒入去皮机,把籽粒和苞皮分别盛放于塑料框内,每塑料框装 20~25 千克为宜。塑料框应符合 GB 4806.7 的规定,加工用水应清洁、无污染,符合 GB/T 5749 的要求。

6.2 籽粒分级

将脱皮籽粒分批倒入分级机筛选分级,所出籽粒直径分别有<14 毫米、14~16 毫米、16~18 毫米、18~20 毫米、20~22 毫米、22~24 毫米和>24 毫米等 7 个等级。

6.3 机械剥壳

按照籽粒等级,分别选用不同的剥壳机。籽粒直径<14 毫米,选用离心式剥壳机;籽粒直径在 14 毫米以上,选用冲压式剥壳机。并将不同规格籽粒分别倒入相应级别入口进行加工,可用塑料盆盛装米仁,塑料盆应符合 GB 4806.7 的规定。籽粒外壳破碎后,应及时将米仁和种壳分离,并漂洗干净。每塑料盆装 10~15 千克为宜。

7 包装储存

7.1 湿芡米

漂洗干净的湿芡米应及时采用 GB 14881—2013 规定的食品包装袋计量、灌装,并添置定量饮用水后封口(或用复合包装袋真空包装),立即进速冻库储存。

7.2 干芡米

漂洗干净的湿芡米经风扇（或热烘）、晾晒后制成干芡米。干制后的芡米用食品包装袋计量包装，并将包装好的产品置入规定环境条件的库房内储存。食品包装袋应符合 GB 4806.7 的规定。

8 废弃物处理

苞皮和籽壳不能随意丢弃，应由专人收集，堆放于指定场所，集中晾晒，并按照 GB/T 34805—2017 的规定进行农业废弃物综合利用。

ICS 65.020.20
B 05

苏州市农业地方标准

二、水芹生产技术规程

2015-12-31 发布　　　　　　　　　　　　　　2016-01-01 实施

苏州市质量技术监督局 发布

前　言

本标准按照 GB/T 1.1—2009 编写。

本标准代替 DB3205/T 033—2003《无公害农产品　水芹生产技术规程》。本标准与 DB3205/T033—2003 相比，主要对水芹生产的范围、产地环境、生产管理措施和生产记录档案作了修订和补充。

本标准由苏州市农业委员会提出。

本标准主要起草单位：苏州市农业技术推广中心。

本标准主要起草人：陈金林、徐建方、吴正贵、潘复生、黄洁、陈虎根、鲍忠洲、王友俊。

本标准于 2003 年 12 月制定，2015 年 12 月第一次修订。

水芹生产技术规程

1 范围

本标准规定了水芹的术语和定义、产地环境、生产管理措施及生产记录档案的技术要求。本标准适用于苏州地区浅水芹的生产。

2 规范性引用文件

下列文件对于本文件的应用是必不可少的。凡是注日期的引用文件，仅注日期的版本适用于本文件。凡是不注日期的引用文件，其最新版本（包括所有的修改单）适用于本文件。

GB 4285—1989　农药安全使用标准

GB/T 8321（所有部分）　农药合理使用准则

NY/T 496—2010　肥料合理使用准则　通则

NY 5331—2006　无公害食品　水生蔬菜产地环境条件

3 术语和定义

下列术语和定义适用于本标准。

3.1 催芽

夏秋季节，通过对温度和湿度的控制，促进水芹母茎各节叶腋休眠芽萌发的过程。

3.2 排种

将催过芽的种茎排放到事先准备用来种植水芹的田块中。

3.3 软化

一般在日平均气温降到15℃左右，水芹植株高度达35厘米左右时，将全田植株逐一拔起，深栽1次，深度15厘米左右，使其下半段在没有光线的条件下变得柔软白净的过程。

3.4 种茎

用作无性繁殖材料的水芹植株茎段。

4 产地环境

应符合 NY 5331—2006 的要求。

5 生产管理措施

5.1 田块选择

应符合 NY 5331—2006 的要求。适宜选择有机质丰富、排灌方便、微酸性到中性、土层深厚的黏土田块，且根据生长与管理的需要，修筑田埂、沟、渠、灌排等设施。

5.2 育苗

5.2.1 种茎选择

从留种用田块中选取具有品种特征、茎粗（横径）1厘米左右、分株较集中的老熟母茎作为种茎。品种宜选择适宜本地区种植且生长势强、香味浓、纤维少、品质佳、市场销路好的品种，如"苏州圆叶芹""常熟白芹""玉祁红芹"等。

5.2.2 催芽

一般在排种前10~15天左右进行，方法是种茎割取后，剔除过粗过细部分，扎成直径15厘米~20厘米的圆捆，切除无芽或只有细小腋芽的梢部。将捆扎好的种茎交叉堆放于无直射阳光处，堆高和直径一般不超过1.5米，适时翻垛、清除烂叶，保持湿润和堆内温度在20~25℃，有70%以上叶腋休眠芽萌发长至3厘米左右

时结束。

5.3 整地

栽植之前,田块放干水,深耕细耙,耕深20~30厘米。结合耕翻,施足基肥,整平田面。

5.4 排种

8月下旬至9月上旬,种茎芽长3厘米左右时,即可排种。排种应选阴天或晴天下午3~4时开始,操作时采用整条种茎顺序横排,边排边退,并及时抹平脚印洞穴,保持田面平整。排种间距一般在5~6厘米,每亩约200千克。

5.5 田间管理

5.5.1 水层管理

排种后5~7天,保持田间湿润。苗高3~5厘米后,建立浅水层3~4厘米。软化前逐渐加深至8~10厘米。软化后8~10天,保持水位3~5厘米。之后排水搁田2~3天,再灌水保持水位8~10厘米。遇寒流时水位可加深至20厘米,但应保持心叶露出水面。排种后如遇暴雨,应及时抢排积水。

5.5.2 匀苗移栽

排种后15天左右,移密补稀,使全田生长均匀一致。

5.6 施肥

应符合NY/T 496—2010的规定。

根据田块肥力情况,基肥一般每亩施腐熟有机肥2000千克和45%三元复合肥($N:P_2O_5:K_2O=15:15:15$)40千克。追肥通常分3~4次。第1次结合搁田追施腐熟粪肥,一般每亩浇施20%~25%的腐熟粪肥2000千克左右。以后每隔15天追施1次,不宜单施化肥,以防品质下降。软化期间不应施肥。

5.7　病虫害防治

5.7.1　主要病虫害

病害主要是斑枯病和锈病；虫害主要是胡萝卜微管蚜。

5.7.2　防治原则

从保持生态平衡、维护生态环境的总体要求出发，本着安全、经济、有效的原则，采取预防为主、综合防治。

5.7.3　农业防治

主要是保持水质清洁、无污染，并合理轮作套茬，及时拔除杂草。

5.7.4　药剂防治

应符合 GB/T 8321（所有部分）的规定。

斑枯病防治，每亩用50%的多菌灵可湿性粉剂500倍液和50%的代森锰锌可湿性粉剂600倍液50～60千克，分次喷雾，交替防治；锈病防治，每亩用25%的三唑酮可湿性粉剂1000～1200倍液和50%的代森锰锌可湿性粉剂600倍液50～60千克，分次喷雾，交替防治。

胡萝卜微管蚜防治，每亩用10%吡虫啉可湿性粉剂3000倍液50～60千克。

5.8　深栽软化

10月中下旬，对水芹进行深栽软化，时间20天左右。

5.9　采收

一般在11月至翌年3月，分期采收。

5.10　选留种株

5.10.1　选种

采收期间应做好选种工作。一般选择基部粗壮、节间短、直立丛生、无病虫害和具有该品种特征特性的植株留种。

5.10.2 种田选择

选择土壤肥沃、排灌方便的田块。

5.10.3 栽插

通常在4—5月,将挑选的种株每株1穴,插入土中,深度以不浮起为度,行穴距15~20厘米。

5.10.4 种田管理

种芹栽插后,保持浅水3~5厘米,注意勤换田水,保持水质清洁,并视种株生长情况适当追肥,一般每亩施腐熟有机肥1000千克加45%三元复合肥（$N：P_2O_5：K_2O=15：15：15$）50千克。6—8月分次搁田,干湿交替。遇35℃以上高温时,应日排夜灌。

6 生产记录档案

建立田间生产档案,记载育苗、整地、排种、田间管理、施肥和农药等农业投入品的使用时间及使用量。

ICS 65.020.20
B 05

苏州市农业地方标准

三、水红菱生产技术规程

2015-12-31 发布　　　　　　　　　　　2016-01-01 实施

苏州市质量技术监督局 发布

前　言

本标准按照 GB/T 1.1—2009 编写。

本标准代替 DB3205/T 137—2007《无公害农产品　水红菱生产技术规程》。本标准与 DB3205/T 137—2007 相比，除编辑性修改外主要技术变化如下：

——标准名称删除"无公害农产品"；

——修改了规范性引用文件；

——生产技术措施中，对塘田准备、催芽时间、播种方法、育苗移栽、追肥、生物防治和药剂使用中部分内容进行了修订；

——修改了采收时间；

——选种留种中修改了选种时间；

——删除菱塘养鱼全部内容；

——农事档案记录改为农事档案，记录保存 2 年。本标准由苏州市农业委员会提出。

本标准主要起草单位：苏州市生元水生蔬菜技术研究中心。

本标准主要起草人：鲍忠洲、怀于生、潘复生。

本标准于 2007 年 12 月制定，2015 年 12 月第一次修订。

水红菱生产技术规程

1 范围

本标准规定了水红菱的术语和定义、产地环境、生产技术措施、采收、选种留种、农事档案。本标准适用于水红菱生产。

2 规范性引用文件

下列文件对于本文件的应用是必不可少的。凡是注日期的引用文件，仅注日期的版本适用于本文件。凡是不注日期的引用文件，其最新版本（包括所有的修改单）适用于本标准。

GB/T 8321（所有部分） 农药合理使用准则

NY/T 496—2010 肥料合理使用准则 通则

NY/T 5331—2006 无公害食品 水生蔬菜产地环境条件

3 术语和定义

下列术语和定义适用于本文件。

3.1 菱篦

菱塘除草工具，系用木条制成的三角形架子，底边长1米，上加梳子型竹齿，用于清理水底杂草；木架顶端系绳，用于拖拉。

4 产地环境

应符合NY/T 5331—2006的规定。

5 生产技术措施

5.1 水体条件

选择水质清澈、无污染，水位深1~2米，常年流水且风浪较小、底土比较松软肥沃的河湾、湖荡，或能排能灌的池塘、沟渠、低洼田块。

5.2 土壤条件

要求地势平坦，土壤有机质丰富，理化性状良好，淤泥层厚25厘米以上，pH 6~7。

5.3 塘田准备

播种前先用菱篦在水底拖拉清除野菱、水草、青苔等，对于较长的水草则用两根细竹竿绞捞。人工塘田还应干塘并施25~30千克/667平方米石灰，清除有害生物，平整后施肥，瘠薄塘田施腐熟鸡粪500千克/667平方米，淤泥厚的塘田不施基肥。

5.4 播种

5.4.1 总则

水红菱栽培一般采用直播，河湾、湖荡等较深水域则采用育苗移栽。

5.4.2 播前准备

2月下旬至4月初，随时将种菱起出，挑去烂菱、嫩菱，洗净腐烂种皮后待播。

5.4.3 播种方法

5.4.3.1 直播

采用条播，根据菱塘地形划成几条纵行，在两头插立竹竿作为标志，中间用绳拉线，顺线条播，并按照田肥稀播、田瘦密播、新塘稀播、重茬密播的原则，一般行距2~3米，株距1米，播种量10~12千克/667平方米。

5.4.3.2　育苗移栽

深水河湾、湖荡及晚出茬田块采用，也可用于补苗。选择避风向阳、水位可调、土壤肥沃的池塘作苗床。冬季放水晒垡，播前灌水深 0.3~0.5 米，以后随着菱苗的生长逐渐加深；5 月下旬至 6 月上旬，在菱种已经分盘，但叶片尚软还未直立变硬时移栽；起菱棵时注意轻拉轻放，8~10 株在基部用绳捆为一束，顺序放在船上，移栽时用菱叉叉住菱束绳头，按 2.5 米×2.0 米行株距，逐束插入水底泥中。如菱塘水位较深，则菱棵长度加绳头长度与水深大体相等，确保菱苗直立水中。

5.5　田间管理

5.5.1　扎垄防风

当直播菱苗出水面或移栽后须立即扎菱垄，防止风浪冲击和杂草飘入菱塘。方法是在菱塘外围用毛竹打桩，间距 10 米，竹桩长度以入土 30~50 厘米、出水面 1 米为宜，竹桩间拉尼龙绳并用菱草等每隔 30 厘米呈"十"字形捆绑于其上。

5.5.2　清除杂草

菱塘中常见杂草有荇菜、水鳖草、青苔、槐叶萍等，发现后应及时人工清除。条播的可以于 7 月下旬至 8 月上旬菱盘封行前，在行间用菱篦来回拖拉除草，拔除野菱。

5.5.3　追肥

肥料使用应符合 NY/T 496—2010 的要求。一般根据植株长势，封行前可适当追施尿素 5~10 千克/667 平方米，促菱盘生长；始收期在菱盘间撒施氮磷钾复合肥 15 千克/667 平方米，促果实生长。以后应视菱果生长情况再追施氮磷钾复合肥 1~2 次，每次 15 千克/667 平方米。深水区可将肥料与泥土混合做成泥团后施用，并随治虫打药，兼喷 0.2%~0.5% 磷酸二氢钾，共 2~3 次。

5.6 有害生物防治

5.6.1 主要有害生物

病害有菱白绢病、菱褐斑病，虫害有菱萤叶甲，螺害有锥实螺、扁卷螺。

5.6.2 防治原则

从保持生态平衡、维护生态环境的总体要求出发，本着安全、经济、有效的原则，预防为主、综合防治。

5.6.3 农业防治

方法如下：

a. 保持菱塘常年流水，人工塘田灌、排结合，确保菱塘水质清洁。清除岸边杂草，及时处理菱盘残茬。

b. 生长期及时清除杂草、烂叶。

c. 在种植1~2年后与芡实或菜藕轮作，也可改养鱼、蟹。

5.6.4 生物防治

放养青蛙。每667平方米放养青蛙30~50只。

5.6.5 药剂防治

方法如下：

a. 使用药剂防治必须符合GB/T 8321的要求。

b. 菱白绢病。发病前或发病初期喷洒50%腐霉利（速克灵）可湿性粉剂1000倍液，或70%甲基托布津可湿性粉剂800倍液。每隔5~7天喷施1次，连续2次。采收前10天停止用药。

c. 菱褐斑病。发病初期喷洒50%多菌灵可湿性粉剂800倍液，或40%多菌灵井冈霉素胶悬剂600倍液。每隔5~7天喷施1次，连喷2次。采收前10天停止用药。

d. 菱萤叶甲。掌握在幼虫1~2龄期，上午8~9时或下午3~4时，可选用3%

瓢甲敌乳油 1000 倍液或 25% 杀虫双水剂 500~1000 倍液，喷于叶片表面防治；采收前 10 天停止用药。

e. 锥实螺、扁卷螺。可用 20% 硫酸烟酰苯胺（灭螺鱼安或百螺杀丁）粉剂 500 克/667 平方米撒于水中防治。

6 采收

6.1 采收时间

8 月下旬至 10 月下旬陆续采收，始收期每 7 天 1 次，盛收期 3~4 天 1 次。

6.2 采收标准

6.2.1 嫩菱

果实充分长足、色泽鲜红、萼片脱落，用指甲可掐入果皮，果肉脆嫩，菱果较轻，可浮于水面，以生食为主。

6.2.2 老菱

果实充分硬化，果皮颜色转暗红色，果柄与果实连接处出现环形裂纹，果实容易脱落，果实重而沉水，以熟食为主。

6.3 采收方法

宜用小木船或菱桶（盆）进入菱塘，人工采摘。采收时做到"三轻""三防"，即提盘轻、摘菱轻、放盘轻；防猛拉菱盘、防植株受伤、防速度不一，采摘后应立即将菱浸入水中存放。

7 选种留种

7.1 选留时间

10 月份，菱生长进入盛果期后，开始选留种。

7.2 留种标准

选用形态整齐、四角对称、果皮深红色、无病虫害、壳薄肉厚、充实饱满的老熟菱（果实背部与果柄分离处有 2~3 个同心花纹）留种。留种量应比翌年实际用种量增加 30%。

7.3 菱种储藏

菱种采摘后，于 10 月下旬用竹筐或编织袋包装，每筐（袋）装 50 千克，吊挂在水面下 30 厘米的毛竹架上，底不着泥，保持活水流动，防止受冻。

8 农事档案

记录保存 2 年。

第四篇 "苏州水八仙"的药用疗效

一、芡实

（一）营养成分

在水生蔬菜中，芡实的热量、蛋白质、碳水化合物、磷、维生素 B_1 等的含量相对较高。干芡实和白果的营养素含量接近，而磷、钾、钠、铁、锌、铜的含量更高。

（二）饮食养生

1. 补脾益气

传统中医认为芡实"味甘补脾"，可除湿止泄，改善肠胃虚寒。不燥不腻的芡实，不但能健脾益胃，还可补充营养，适宜秋季进补。例如我国闽南和台湾地区常见的"四神汤"，便是以芡实、莲子、淮山、茯苓这四味药材炖猪肚制成的一剂药膳。

2. 延年益寿

芡实在中国自古便被视为抗衰老之良物。苏轼曾自述其养生良方：把煮熟的芡实一枚枚地细细嚼咽，每天10~20粒，长年坚持。现代实验已从芡实中提取出多种功效成分，可抗氧化和缓解心肌缺血。

（三）食疗验方

芡实性平、味甘涩，其主要药用成分为胶质，有抗癌作用。据《神农本草经》记载，芡实"主湿痹，腰脊膝痛，补中，除暴疾，益精气，强志，令耳目聪明"。据《本草从新》记载，芡实能补脾固肾、助气涩精。又据《神农本草经疏》记载，芡实是"补脾胃、固精气之药"。《本草纲目》亦肯定了芡实"止渴益肾"的功能。因此芡实常被作为滋补药,来补脾止泻、固肾涩精,治遗精、淋浊、带下、小便失禁、大便泄泻等症。此外,久服芡实可身轻不饥,耐劳。芡实茎可止烦渴、除虚热,生熟皆宜。芡实根状如三棱,煮熟如芋,可食,治心痛气结病。

1. 止遗泄

凡患遗泄者,枣仁2钱、金樱子3钱、白莲须3钱,散装于小袋中,与芡实1两同煮。吃时将布包里的药渣弃掉,吃芡实、喝汤。宜在下午吃,可以代替点心。时时食之,可医治习惯性遗精。如患者有病已久,可在药物包中另加龙骨4钱、牡蛎4钱,分两次煮,每天服食两盅。

2. 益肾精固

(1) 芡实4两,粳米2两,一起煮成烂粥,空腹服用,每日1次,连服1月。

(2) 芡实末、莲子末、龙骨末、乌梅肉焙干为末,各6钱,与山药同煮成糊,做成芡实大的小丸,每日1粒,盐汤吞服。

(3) 芡实3钱,金樱子2钱,菟丝子、车前子各2钱,水煎服。

3. 慢性前列腺炎

患白浊症屡愈屡发,或日久而有气虚现象的,即是前列腺部分松弛。宜用北芪片1钱、升麻3分、柴胡3分,与芡实1两同煮,连服1个月。

4. 慢性泄泻(肠功能紊乱,脾胃虚热,久痢)

(1) 芡实、莲肉、淮山药、白扁豆等量,研细末,每次1两左右,加糖蒸熟吃。

(2) 芡实、山药、茯苓、白术、莲肉、薏米、白扁豆各4两加人参1两炒干为末,取适量白汤调服,老幼皆宜。

5. 止便频

年老气虚、小便频频或小便不禁、半夜时时起身者,可用党参2钱、黄芪片2钱与芡实1两同煮,作为充饥食品,经常服食能滋补气虚,疗治小便过多。

6. 白带过多

妇女白带过多,如有湿热症(即局部发炎者)或气虚带下者,都可用黄芪片1钱、龙骨4钱与芡实同煮后服食。煮时除芡实之外,皆用布包。

二、莼菜

(一)营养成分

莼菜是珍贵的水生蔬菜,含有酸性多糖、维生素、组胺和微量元素等,并富含植物蛋白和多种氨基酸。此外,还含有蔬菜中少见的维生素 B_{12},可用于防治恶性贫血、巨幼细胞性贫血、肝炎及肝硬化等病症。

(二)饮食养生

1. 高锌佳品

莼菜吸收利用环境中锌的能力远远超过其他植物,是天然的高锌食物,与人的机体发育、骨骼生长、免疫机能、性发育及其功能等关系密切,因而是小孩最佳的益智健体食品之一,并可防治小儿多动症。

2. 神奇莼胶

莼菜嫩叶富含的胶质黏液,其主要成分是莼菜多糖,不仅带来柔滑可口的滋味,更具有强大的营养功效,是莼菜营养的精华所在。

3. 多糖防癌

实验证实,莼菜多糖具有增强体液免疫和细胞免疫的功能,可防癌抗肿瘤。多年研究莼菜的日本已经把天然莼胶提取制成防治癌症的药物。

4. 多糖养胃

中医早已注意到莼菜的养胃功能,如《唐本草》记载:"久食大宜人,合鲋鱼为羹,食之,主胃气弱不下食者,至效,又宜老人。"现代研究证实,莼菜多糖的黏性可以保护胃黏膜,而且莼菜多糖分解后有助于肠道卫士双歧杆菌大量繁殖,是胃病患者的养胃佳蔬。

(三) 食疗验方

《本草纲目》记载:莼菜性甘、寒、无毒,能消渴热脾,"和鲫鱼作羹食,下气止呕。多食,压丹石。补大小肠虚气,不宜过多。治热疸,厚肠胃,安下焦,逐水,解百药毒并蛊气"。对"一切痈疽""头上恶疮"和"数种疔疮"均有较好疗效。据现代《中药大字典》记载,莼菜亦能清热、利水、消毒,治热痢、黄疸、痈肿、疔疮。

莼菜能凉胃疗疸,散热痹,因其性冷而滑,和姜、醋作羹食,能大清胃火,消酒、止暑热或痢。但莼菜不宜多食、久食,以免发冷气,困脾胃,从而有损健康(《本草汇言》)。多食莼菜能去痔病(《千金食治》);"常食薄气,令关节急,嗜睡"(《本草拾遗》);多食腹寒痛(《苏州水生蔬菜实用大全》)。因此食用莼菜应适量。

1. 疔疮

莼菜(马蹄草)、大青叶、臭紫草各等分擂烂,以酒一碗浸之,去渣后温服。

2. 痈疽

春夏用茎,冬月用子,捣烂敷之,用菜亦可。

3. 头上恶疮

以黄泥包豆豉煨熟,取出为末,以莼菜油调敷之。

4. 高血压

莼菜半斤加冰糖 3 钱炖服,每日 1 次,连服 5~7 天。

5. 胃病

莼菜和鲫鱼作羹,可下气止呕;少食可补大小肠虚气。

三、菱

(一) 营养成分

菱角的热量、蛋白质、碳水化合物、不溶性纤维、维生素 B、烟酸、维生素 C、钾、镁的含量较高。菱角的营养价值高,可以替代谷类食物,而且有益肠胃。《随息居饮食谱》曰:"鲜者甘,凉……熟者甘平,充饥代谷,亦可澄粉,补气厚肠",适合体质虚弱者,以及老人与成长中的孩子。

(二) 饮食养生

1. 休闲食品

鲜菱角生食,能消暑热、止烦渴。菱角熟食可健脾益气、安中、补脏、行水。

2. 减肥良品

传统中医认为,常吃菱角可以补五脏,除百病,且可轻身——所谓"轻身",即有减肥健美作用,因为菱角的脂肪含量极低,且不溶性纤维含量高,可增加饱腹感,不易因过食而堆积脂肪。

3. 保健食品

研究证实,菱角中的酚类可及时清除人体内的自由基,起到抗氧化作用。此外,菱角所含多酚类物质如没食子酸,还可用于保护神经细胞和镇痛。

(三) 食疗验方

菱的全身都是宝,果实、叶、壳、茎、蒂均能入药。菱角生食能消暑解热、除烦止渴，熟食能益气健脾。《本草纲目》说，菱有"安中补五脏，不饥轻身"之功，"和蜜饵之，断谷长生"；"捣烂澄粉食，补中延年"。又《本草纲目拾遗》说，菱粉能补脾胃，强脚膝，健力益气，行水，去暑，解毒。菱角壳煎汤内服主治泄泻、脱肛、痔疮，外用能治疗黄水疮、肿等症。菱的茎有祛风利湿之效。菱的果肉中含有一种能抗腹水、抗肝癌的物质，对癌细胞有一定抑制作用。我国民间常用菱角治疗乳腺癌、宫颈癌等，日本也有菱角对癌细胞有较好抑制效果的报道。但因菱角生食性冷利，多食会伤脏腑，损阳气、痿茎，故食用时应注意。

1. 抗癌

薏苡仁、紫藤、诃子各9克，菱角60克，水煎服。

2. 醉酒

鲜菱果250克，连壳捣碎，加白糖60克，水煎后滤液，一次服完。

3. 月经过多

鲜菱果250克，水煎1小时后滤取汁液，加红糖适量，1天内分两次服完。

4. 清暑解热

新鲜红菱1000克，洗净，去壳，捣烂绞取菱汁，露一晚，再加入白糖适量，隔汤炖略温即可饮用。

5. 化痰消食

菱角200克，番杏150克，薏苡仁50克，决明子30克，加水煎两次，每次用水500毫升，煎半小时，将两次煎汤混合，去渣取汁，分2次服。

6. 慢性腹泻

粳米100克煮粥，待粥将熟时倒入菱角粉5克和少许红糖，再煮至粥熟后食用。

7. 胃溃疡

菱角 120 克，水 1000 毫升，煮沸半小时，滤取汁液盛于保温瓶中，每晚睡前、晨起及午睡起来后各喝 12 杯，连服 1 个月。

四、茭白

（一）营养成分

茭白的热量、碳水化合物、不溶性纤维、维生素 E 等含量较高。嫩茭白的有机氮素以氨基酸状态存在，并能提供硫元素，味道鲜美，营养价值较高，容易被人体吸收。

（二）饮食养生

1. 减肥

茭白由于热量低、水分高、膳食纤维丰富，人食后易有饱腹感，是人们喜爱的减肥食品。

2. 养颜

日本研究人员发现，茭白具有嫩白、保湿等美容功效，茭白中含有的豆甾醇能清除人体内的活性氧，抑制酪氨酸酶活性，从而阻止黑色素的生成；它还能软化皮肤表面的角质层，使皮肤润滑细腻。

3. 解毒

传统中医认为茭白性滑而利，可开胃解热毒，缓解饮酒过度，还可"压丹石毒发"，即其清热解毒特性可解矿石丹药温热。

（三）食疗验方

茭白味甘、性凉、无毒，具有利尿、解烦热、止渴、调肠胃、解酒毒、降血压、补血健体等作用。《本草纲目》认为，茭白主治五脏邪气、酒渣面赤、目赤目黄，能去烦热、止渴、利大小便，开口胃，解酒毒。《食疗本草》中亦有茭白"利五藏邪气，酒皶面赤，白癞疬疡，目赤等，效……热毒风气，卒心痛，可盐、醋煮食之"的记载。《本草拾遗》也认为茭白能去烦热、止渴、除目黄、利大小便，止热痢，消酒毒。但茭白性极冷不可过食，性滑发冷气，令人下焦寒，应予注意。

1. 血压高，烦热，便秘

新鲜茭白 120 克，旱芹菜 60 克，加水煎服，每日 1 次。

2. 小便不利

鲜茭白根 30~60 克，水煎服。

3. 目赤肿痛

鲜茭白数只，洗净蒸熟拌酱油、麻油，连食数日。

4. 养血明目

茭白 5 根，猪肝 200 克，加佐料炒食。

5. 产后缺乳

茭白切片 100 克，通草 10~15 克，猪脚 1 只切块，加适量水炖煮，以食盐、味精调味食用。

6. 酒渣鼻

茭白 30 克，水煎代茶饮。同时用生茭白捣烂如泥，外敷患处。

7. 急性肾盂肾炎

茭白捣汁 50 克，用温热开水冲饮，每日 1~2 次，连用 5~7 日。

五、莲藕

(一) 营养成分

莲藕富含热量、碳水化合物、不溶性纤维、灰分、维生素 B_1、维生素 C、维生素 E、钙、磷、钠、镁、锰等营养成分，还含有蔬菜中少见的维生素 B_{12}，与叶酸和铁共同作用可改善贫血，故江南有谚语"男食韭，女食藕"。

（二）饮食养生

1. 止血消瘀

《本草纲目》记载："庖人削藕皮误落血中，遂散涣不凝。"故中医认为莲藕可止血而不留瘀，现代科学亦证实莲藕为热病血症的食疗佳品。莲藕中丰富的维生素 K 具有收缩血管和止血的作用。莲藕富含的单宁酸具有抗氧化的作用，可预防动脉硬化和癌症，还具有消炎、收敛的作用，可使血管收缩而止血，亦能改善胃、十二指肠溃疡并预防复发。藕节的单宁酸含量尤高，并含有 2% 左右的鞣质和天门冬酰胺，其止血收敛作用强于藕身，还能解蟹毒。

2. 防癌排毒

莲藕含有多种具有抗氧化作用的成分，富含的维生素 C 因被淀粉包住，短时间烹制耗损少，其抗氧化作用可保护身体免受活性氧的伤害，进而预防癌症。而其所含多酚、单宁酸和少量的儿茶素在体内产生复合作用，可使致癌物质无毒化，抗癌功能尤佳。莲藕含有多种多醣，可提高人体免疫力并抑制癌细胞的生长；其所含生物碱也可抑制癌细胞繁殖和肿瘤的生长。莲藕丰富的纤维亦有助于排毒。

3. 健胃消脂

莲藕散发出一种独特清香，还含有鞣质，可开胃、健脾、止泻，有助于胃纳不佳、食欲不振者恢复健康。莲藕切开会出现丝，经过加热则变黏，这种黏性物质是和蛋白质、糖结合产生的一种叫黏蛋白的物质，有润肠通便的作用，能与人体内的胆酸盐、食物中的胆固醇及甘油三酯结合，加速其排出，从而减少人体对脂类的吸收与废物堆积。

（三）食疗验方

莲藕全身都是宝，其主要药用成分为焦性儿茶酚、氧化物酶。莲藕性甘味，有止血散瘀、止渴除烦、安神健胃等功能。生藕性寒，甘凉入胃，可治热病烦渴，消瘀凉血，醒酒开胃。熟藕性温，能健脾开胃、养血生肌、止泻、止咳。藕粉性甘咸平，有益血、开胃、生津、清热之功能。藕节甘涩平，且富含单宁酸，有收缩血管的作用，能止血散瘀，治疗咳血、尿血、便血、子宫出血等症。莲花味苦、甘，性温、无毒，主镇心安神、养颜轻身。莲房味苦、性涩温，能散瘀，治产后腹痛、白带过多之症。莲子甘涩、性平、无毒，能补脾止泻、清心养神益肾，治疗心悸失眠、男子遗精、妇女月经过多等症。莲须为固真涩精之品，有固精、止血功效，可养发养颜。荷叶味苦、性平、色青、气香，有清暑解热、助脾开胃之功效，适于治疗暑热、胸闷、腹泻等症。《本草纲目》对藕和莲的食用疗效有精辟的论述："生食味涩，蒸煮则佳"；"《相感志》云：藕以盐水浸食，则不损口；同油熯面米果食，则无渣"；"味甘，平，无毒。主热渴，散留血，生肌"；"蒸食，甚补五脏，实下焦，开胃口"；"捣浸澄粉服食，轻身益年"；"同蜜食，令人腹脏肥，不生诸虫，亦可休粮。"

1. 吐血、咯血

（1）鲜藕500克捣汁，与生地汁60克混匀后同服，每日2次，连服3~5日。

（2）干藕节30克，霜桑叶15克，白茅根15克，水煎服，每日2次。或藕节5只切碎，加红糖水煎服。

2. 尿急、尿血

（1）鲜藕汁、葡萄汁各250毫升，生地200克，先将生地浸泡、煎煮，每20分钟取煎汁1次，共3次，再合并用小火煎熬浓缩，加入藕汁、葡萄汁后继续熬至膏状，加入1倍量的蜂蜜，煮沸停火，冷却后装瓶。食用时每次1汤匙，沸水冲饮，每日2次。

（2）去心莲子60克，生甘草10克，加水500毫升，火煎熬至莲子熟时加冰糖，吃莲子喝汤。

3. 肺热、鼻衄

（1）鲜藕洗净，榨汁100～150毫升，加蜂蜜15～30克，调匀内服，1日1次，连服数日。

（2）藕节3个，烧成炭，研末，吹敷局部。或藕节捣汁饮，并滴鼻中。

4. 妇科疾病

莲子去心，芡实去壳，各60克，鲜荷叶半张，糯米适量，煮粥加少许糖服。或藕汁250毫升，红鸡冠花3朵，水煎后加红糖服用，每日2次（治白带多）。

5. 消化疾病

（1）生萝卜数个，鲜藕500克，洗净捣烂绞汁。每天含漱数次，连服3～4日（治口腔溃疡）。

（2）干荷叶适量，烧灰存性研细末，每日服1次，每次1克（治胃溃疡）。

（3）莲子200克，粳米20克，茯苓100克，共研末，水煎，加砂糖适量成膏状，白开水调服，每日5～6匙（治脾虚泄泻）。

（4）鲜藕2节，蜂蜜适量，将1节藕的节切开一头，藕孔里灌入蜂蜜，再将藕节盖上，蒸熟后吃；另1节藕切碎，水煎喝汤。鲜藕汁30毫升，田七粉3克，去壳鸡蛋1只，加冰糖少许调味，隔水炖熟服用（治溃疡出血）。

（5）藕粉30克，加水120毫升煮成10毫升，每日分3次食。或干莲肉20克研末，加米汤或开水200毫升，煮成150毫升后加少量白糖，每日分3次服食（治婴儿腹泻）。

6. 烦躁失眠

（1）藕粉25克，粳米25克，白糖适量，煎粥常服。

（2）莲心2克，开水冲代茶饮。

（3）鲜藕 500 克捣汁，蜂蜜 100 克，代茶饮。

（4）莲子心 30 枚，水煎后加盐少许睡前服。

7. 气虚体弱

（1）莲藕 250 克，猪脊骨 50 克，炖熟服，隔 3 天 1 次，2~4 次可见效。

（2）莲子、百合各 30 克，瘦猪肉 200~250 克，加水炖熟，调味后服用。

（3）猪肚 1 只洗净，装入水发去心莲子后用线缝合，加清水炖至熟透，捞出晾凉，猪肚切丝，将莲子放盘中，加香油、食盐、姜、葱等调料拌匀即食。

8. 糖尿病

泥鳅 10 条，去肠脏，焙干，去头尾，研为细末。荷叶 3 张晒干研末。两者等量混匀，每次服 10 克，每日 3 次，温开水冲服。

六、荸荠

（一）营养成分

荸荠中含有丰富的淀粉、蛋白质、粗脂肪、钙、铁、B 族维生素和维生素 C 等营养元素，还有丰富的膳食纤维。荸荠中磷的含量在根茎类蔬菜中是比较高的，磷能够促进人体生长发育，帮助维持生理功能。另外，荸荠中含有一种不耐热的抗菌成分——荸荠英，它对金黄色葡萄球菌、大肠杆菌、产气杆菌及绿脓杆菌有抑制作用，是夏秋季节治疗急性肠胃炎的佳品。

（二）饮食养生

1. 保健养生

荸荠富含热量、碳水化合物，其含钾量相当于水蜜桃的 2 倍、冬瓜的 4 倍，有助于生津止渴、利尿、预防水肿，对降血压有一定效果。

2. 开胃消食

荸荠含有的淀粉及膳食纤维,能促进大肠蠕动,食用荸荠有助于消食开胃、通肠利便。荸荠中的嫩者去皮后直接嚼食,老的煮水饮汁,能助消化。

3. 健康食品

荸荠的蛋白质含量不高,可做成低蛋白点心如马蹄糕,不仅美味可口,也适合肾脏病患者解饥和补充热量。

4. 清热消炎

中医认为荸荠是寒性食物,具有凉血解毒、化湿祛痰等功效,既可清热生津,又可补充营养。清代著名温病学家吴鞠通治疗热病津伤口渴的名方"五汁饮",便是用荸荠、梨、藕、芦根和麦冬榨汁混合而成。

5. 抑菌防癌

现代科学发现,荸荠皮与荸荠果肉之间含有一种抗菌成分——荸荠英,其对金黄色葡萄球菌、大肠杆菌、沙门氏菌等有抑制作用,并能抑制流感病毒,对肺部、食道和乳腺的癌肿亦有防治作用。此外,荸荠亦是尿路感染患者的食疗佳品。还有研究表明,常吃荸荠可以预防铅中毒。

(三) 食疗验方

荸荠味甘、性微寒滑、无毒,其主要药用成分为荸荠英。荸荠能清热化痰、生津止渴、利肠化积、厚肠胃、疗嗝气和醒酒解毒。据《本草纲目》记载,荸荠主消渴痹热,温中益气,下丹石,消风毒,除胸中实热气。而《食疗本草》也肯定了荸荠能下丹石,消风毒,除胸中实热气,以及明耳目、止渴、消黄疸等功能。《罗氏会约医镜》则称荸荠益气安中,开胃消食,除热生津,"止痢消渴,治黄疸,疗下血,解毁铜"。但因荸荠性寒,不易消化,食之过量易腹胀,小儿及消化力弱者不宜多食。

1. 小儿暑热，小便赤黄，口渴便秘

荸荠20克，去皮磨烂，加水100毫升，白糖适量调匀，煮熟去渣，晾凉后口渴即饮。

2. 心烦口渴，低烧不退

新鲜荸荠250克洗净，甘蔗1根，去皮，切成3厘米大小，共入锅中煎煮，待荸荠熟后即可食用。

3. 小儿夏季热

荸荠100只（去皮切片），鲜蕹菜200~250克，加水适量，煎汤，每日分2~3次服食，可连服7天。

4. 风寒感冒引起咳嗽

梨1只，荸荠20只（去皮），萝卜250克（去皮），均切碎，绞汁，分2次饮服。

5. 慢性胃炎

荸荠汁、藕汁、鲜芦根汁、梨汁和麦冬汁各等量，和匀后凉服，一般每次服20~30毫升。

6. 支气管炎

荸荠100克，大米100克，鲜百合30克，加水共煮成粥，再加蜂蜜适量服用。

7. 急性或慢性咽喉炎

鲜荸荠500克，洗净去皮绞汁，加冰糖少量饮服，每日3次，连用2日。

8. 百日咳

荸荠500克捣碎，挤汁与蜂蜜500克混合，加少量水煮沸，每次2汤匙，每日2次，水冲服。

9. 冠心病

荸荠 100 克，去皮切片，海蜇 100 克，红糖 30 克，米醋适量，加清水煮汤，每日 1 次，连服 15~20 天。

10. 皮癣

荸荠 15 只，洗净去皮切片，浸入上好陈醋中（90 毫升左右）慢火煎 10 分钟（忌用铜或铁器），待荸荠将醋吸收变硬后捣烂成糊状装瓶备用。取适量荸荠糊涂患处，用纱布摩擦，以局部发热为度，再敷本药适量，用纱布包扎，每日 1 次，轻者 3~5 天、重者 12 周可愈。

七、慈姑

（一）营养成分

在水生蔬菜中，慈姑的热量、蛋白质、碳水化合物、维生素 B_1、不溶性纤维、烟酸、维生素 E、磷、钾、镁、铁、锌、铜的含量都比较高，可见其营养丰富。此外，慈姑还含有蔬菜中少见的维生素 B_{12}，与叶酸和铁共同作用可治疗贫血。

（二）饮食养生

1. 营养佳品

富含淀粉的慈姑，可增加人体的热量与饱腹感，在水乡遇上荒年时常被作为救荒食品，而慈姑口感也极像高淀粉的土豆。通过数据比较可知，除了胡萝卜素与维生素 C 外，慈姑的大部分营养成分都高于土豆。

2. 高能食品

慈姑含有大量碳水化合物，能够保证机体组织的能量供应。

3. 高纤食品

慈姑纤维含量高，对胆固醇具有较强的吸附作用，是非常健康的减肥佳品。

(三) 食疗验方

慈姑味甘、性微寒、无毒，其主要药用成分为胰蛋白酶抑制物慈姑醇。主治百毒，产后血瘀，攻心欲死，难产胎盘不出。据《本草纲目》记载，慈姑"主疗肿，攻毒破皮，解诸毒蛊毒，蛇虫狂犬伤"。《本草拾遗》也确认慈姑能疗痈肿疮瘘、瘰疬结核。慈姑还有泻热、消结、解毒作用，具润肺止咳、消肿化痰之功。适用于甲状腺肿以及成人虚弱消瘦、体重减轻等病症。慈姑全草及新鲜球茎均可入药，但亦应注意不可多食，否则可引发虚热及肠胀痛、痔漏等症。

1. 百日咳（止咳祛痰，定喘润脾）

去皮慈姑 3~4 只，捣烂加柿饼半只、生姜 3 克、水 200 克、冰糖适量炖服，每日 1 剂，连服数日。

2. 慢支、哮喘

新鲜慈姑 5~6 只，去皮切丝，放入豆浆中文火煮沸，每日清晨空腹饮用，连服 1 个月。

3. 疗疮疖肿

（1）鲜慈姑捣烂，加入少许生姜汁搅和后敷于患处，每日更换 2 次，连敷 3 日。

（2）慈姑茎叶切碎捣烂，冷水调敷于肿处。

4. 解毒消肿，利尿通淋

慈姑 10 只，洗净捣汁，加水适量，煎汤代茶饮。

5. 前列腺炎，泌尿系统感染

田螺 1000 克，在清水中静养 1~2 天，去泥去壳。慈姑 250 克，去皮洗净拍碎。猪苓 60 克洗净。三者放入锅内加水适量，旺火煮沸后，文火煲 2 小时，调味服用。

6. 难产，乏力（难产，产后胞衣不下）

（1）鲜慈姑或茎叶洗净，切碎捣烂绞汁 1 小杯，用温黄酒半杯和匀，缓服。

（2）慈姑 250 克，母鸡半只，陈皮 5 克，鸡煮烂后再放入慈姑、陈皮，加入调料，煮沸后食用鸡汤。

八、水芹

（一）营养成分

水芹的维生素 B_2、烟酸、铁、锌、硒、铜、锰等的含量比常见的旱芹要多，此外还含有芸香苷、水芹素和槲皮素等成分。水芹富含微量元素，其抗高血压的功效与此密切相关。丰富的含铁量使芹菜成为缺铁性贫血患者的佳蔬，一般人食用也可养血益气。

（二）饮食养生

1. 芹香益人

水芹含有较多挥发油，别具芳香，吸引了爱食之人，可使人食欲大增，并有健胃祛痰、兴奋中枢神经、促进血液循环的作用。

2. 防癌先锋

丰富的纤维不仅给芹菜带来独特的口感，更具防癌功效。除了可抑制人体肠内细菌产生的致癌物质外，还可防止便秘，从而预防直肠癌等疾病。此外，英国科学家研究发现，食用水芹可部分抵消烟草中有毒物质对肺的损害，在一定程度上能防治肺癌。一般人只要每天吃 60 克水芹，就可以发挥其预防肺癌的效果。

3. 食叶有益

我们平常吃的都是芹菜的茎，其实芹菜叶的营养也毫不逊色，而且所含的维生素 C 与胡萝卜素均比茎部高。平时不妨将芹菜叶炒菜或做汤，同样带有芹菜独特的清香，经常食用还可以护眼润肤。

（三）食疗验方

水芹菜味甘、性平、无毒，主要药用成分为α-蒎烯、酞酸二乙酯。据《本草纲目》记述，水芹主治女子大出血，具有止血养精、保养血脉、强身补气的功效，能令人身体健壮、食欲增强。捣水芹汁服用，可去除暑热，医治结石。饮其汁后，小儿可以去除暴热，大人可治酒后鼻塞及身体发热，还可去头中风热，利口齿和滑润大小肠；同时还可治烦闷口渴、妇科出血及白带增多、黄疸病等症。

1. 通脉降压

水芹菜250克，洗净后以沸开水烫2分钟，切细绞汁，每次服1小杯，1日2次。

2. 小便出血

白根水芹菜去叶捣汁1杯，炖热服或凉开水冲服，每次60克，每日2次。

3. 大便出血

水芹菜适量，洗干净捣烂，取汁半碗，调红糖适量，口服。

4. 黄疸

鲜水芹根60克，黄花菜30克，猪瘦肉100克，加盐调味，水煎服。

5. 风火牙痛

鲜水芹根60克，鸭蛋1只，水煎后喝汤、吃蛋。

6. 小儿发热，月余不凉

水芹菜、大麦芽、车前子用水煎服。

7. 妇科疾病

（1）水芹菜20克，景天10克，煎服（治白带）。

（2）水芹菜30克，茜草6克，六月雪12克，水煎服（治月经不调，带下尿血）。

第五篇 "苏州水八仙"的美食制作

一、芡实

1. 西芹百合鸡头米

主料：速冻芡米（或鲜芡米）100 克，西洋芹 150 克，百合 100 克。

辅料：色拉油 50 克，精盐、白糖、味精、葱、姜、鲜汤料等适量。

制作方法：速冻芡米用清水漂洗、解冻；西洋芹清洗切斜片；百合干用清水浸泡开。起油锅先放葱、姜，然后倒入芹菜炒至六成熟，再倒入芡米和百合片同炒，最后加盐、味精、糖和汤料，调味后起锅装盘即可。

2. 鸡头米炒什锦

主料：速冻芡米（或鲜芡米）100 克，速冻甜玉米 100 克，松子仁 50 克，速冻甜豌豆 100 克。

辅料：色拉油 50 克，精盐、白糖、味精、鲜汤料等适量。

制作方法：速冻芡米、甜玉米和甜豌豆用清水漂洗、解冻；松子仁用清水浸泡，备用。起油锅倒入芡米、甜玉米、甜豌豆和松子仁同炒，最后加盐、白糖、味精和汤料，调味起锅装盘即可。

3. 桂花鸡头米

主料：速冻芡米（或鲜芡米）200 克。

辅料：白糖 200 克，糖桂花 5 克。

制作方法：速冻芡米用清水漂洗、解冻，放入锅中加清水 600 克，置旺火上烧沸，撇去浮沫后加入白糖和糖桂花，再煮开，待芡米变软即可盛出装汤碗。

4. 芡实藕粉圆子

主料：速冻芡米（或鲜芡米）100 克，糯米粉 100 克，藕粉适量。

辅料：白糖 200 克，糖桂花 5 克。

制作方法：速冻芡米用清水漂洗、解冻；糯米粉用开水烫熟做成小圆子；藕粉用冷水调匀备用。先将芡米放入锅中加清水 600 克置旺火烧沸，撇去浮沫，煮至软熟，加入糯米粉小圆子，待熟后倒入藕粉，搅拌成糊状起锅装汤碗即可。

5. 八宝鸡头米

主料：速冻芡米（或鲜芡米）30 克，通心莲 30 克，赤豆 30 克，白扁豆 30 克，红枣 20 克，桂圆肉 20 克，薏米 20 克，松子仁 20 克。

辅料：冰糖 150 克，糖桂花 5 克。

制作方法：速冻芡米用清水漂洗、解冻；其他主料用清水浸泡后放入锅中加清水 600 克煮，水沸后撇去浮沫，煮烂，加入冰糖和糖桂花后起锅装汤碗即可。

6. 芡实老鸭煲

主料：鲜芡米（或速冻芡米）100 克，老鸭 1 只。

辅料：盐、味精适量。

制作方法：将芡米装入鸭腹内，置锅中用文火炖煮 2 小时至肉熟，加盐、味精适量调味即成。

7. 鸡头菜

主料：鸡头梗（芡实叶柄、果柄）350 克。

辅料：色拉油 50 克，精盐、白糖、味精、鲜汤料适量。

制作方法：先将鸡头梗洗净、去皮，再切段或切成斜片，用盐腌渍后挤出水。起油锅，至六成热时倒入鸡头梗煸炒，最后加盐、白糖、味精和汤料调味，起锅装盘。也可不腌渍直接炒食。

8. 鸡头虾仁

主料：鲜芡米（或速冻芡米）300 克，青豆 100 克，虾仁 300 克。

辅料：色拉油 50 克，精盐、白糖、味精适量。

制作方法：将芡实与青豆一起放入沸水中焯 1 分钟，捞出过一遍冷水。起油锅，中火至七成热放入虾仁，迅速滑炒至变色，再倒入芡实、青豆过一下油，迅速倒出，沥净油分。另起油锅，将芡实、虾仁、青豆重新倒回锅内，放盐适量，大火翻炒 1 分钟即可出锅。

二、莼菜

1. 凉拌莼菜

主料：鲜莼菜（梭子）500 克。

辅料：姜、葱、蒜末各 20 克，精盐、味精、香油适量。

制作方法：将莼菜漂洗沥干后放入沸水中烫一下，待莼菜转绿后用漏勺捞起，放入凉开水中冷却。然后将冷却后的莼菜加精盐、味精调匀，再加葱、姜、蒜末及香油拌匀装盘即可。

2. 莼菜炒肉丝

主料：鲜莼菜（梭子）200 克，鲜猪腿肉 150 克。

辅料：色拉油 50 克，料酒、精盐、味精、湿淀粉适量。

制作方法：先将鲜莼菜用清水漂洗沥干，放入沸水中烫一下，待莼菜转变成绿色时用漏勺捞起，并放入凉水中冷却备用。将猪肉切丝，加料酒并拌淀粉放入油锅中旺火爆炒至熟，倒入莼菜加盐、味精翻炒，入味后即可起锅装盘。

3. 莼菜炒什锦

主料：鲜莼菜（梭子）200 克，油面筋 5 只，腐竹 50 克，素鸡 50 克，蘑菇

50克。

辅料：色拉油50克，精盐、味精、葱、姜等适量。

制作方法：先将鲜莼菜漂洗沥干后放入沸水中烫一下，待莼菜转绿后用漏勺捞起，放入凉水中冷却备用；油面筋切成2~3块，清水泡软；腐竹浸泡后撕成条再切段；素鸡切块，蘑菇切片。起油锅放入葱、姜，倒入腐竹、素鸡、蘑菇爆炒至八成熟，再添加油面筋和莼菜，加盐、味精等调味后起锅装盘即可。

4. 三丝莼菜汤

主料：鲜莼菜（梭子）200克，熟鸡脯肉10克，中段熟火腿50克，鸡肉、火腿原汤350克。

辅料：熟鸡油10克，精盐、味精适量。

制作方法：先将鲜莼菜用清水漂洗沥干，放入沸水中烫一下，待莼菜转为绿色即用漏勺捞起，并放入凉水中冷却后备用；将熟鸡脯肉和熟火腿均切成长6~7厘米的丝备用。将鸡肉、火腿原汤和盐、味精一起放入锅内煮沸后，倒入鸡丝、火腿丝和莼菜，淋上鸡油，装汤碗即可。

5. 芙蓉莼菜羹

主料：鲜莼菜（梭子）150克，鸡蛋清8只，虾仁100克，熟火腿5克，熟鸡脯肉50克。

辅料：色拉油25克，精盐、味精、料酒适量，鲜汤料400克，湿淀粉50克。

制作方法：汤料200克烧至七成热，加盐、味精冲入蛋清中，边冲边打匀，并上笼文火蒸，待用熟火腿、熟鸡脯肉切细丝；虾仁水中余热捞出，加料酒、味精拌匀后待用；鲜莼菜漂洗沥干后放入沸水中烫一下，待莼菜转绿后用漏勺捞起，放入凉水中冷却备用；锅里加汤料200克，调味勾薄芡，用勺将蒸好的蛋白成片批入薄芡中，并放入莼菜推匀，装深盆。汤面上放虾仁，鸡丝、火腿丝撒在虾仁上即可。

6. 鲈鱼莼菜羹

主料：鲈鱼（或鲫鱼、乌鳢）1条（约500克），鲜莼菜（梭子）250克。

辅料：料酒、精盐、味精、葱、姜和湿淀粉适量。

制作方法：将鲈鱼去鳞、去鳃、去内脏，洗净后用细盐擦抹鱼身和鱼肚内壁，将鱼放入锅中，加料酒、葱姜和清水煮熟。将鲜莼菜漂洗沥干后放入沸水中烫一下，待莼菜转绿后用漏勺捞起，放入凉水中冷却后倒入鱼汤中，再加入盐、味精，并用湿淀粉勾芡，稍煮开即可盛起装碗。

7. 黄颡鱼羹

主料：黄颡鱼（昂刺）5~6条，鲜莼菜（梭子）250克。

辅料：料酒、精盐、味精、葱、姜和湿淀粉适量。

制作方法：本菜需用传统铁锅和木盖烹煮。先将黄颡鱼洗净，挖去内脏，将其背上的刺插入木盖缝里，锅内加清水和葱、姜，旺火煮开，待蒸汽将木盖上的鱼肉蒸烂掉入锅里（鱼骨仍插在盖上）后，倒入经清洗后的莼菜略煮，待莼菜叶色转绿后加料酒、味精和湿淀粉勾芡，稍煮后即可装汤碗。

8. 莼菜莲蓬豆腐

主料：鲜莼菜250克，熟鸡丝50克，熟火腿丝25克，鱼糜100克，速冻甜豌豆25克，青菜叶250克，鸡蛋清3只，豆腐1/4块，肉汤料250克。

辅料：料酒、精盐、味精、湿淀粉适量，熟猪油75克。

制作方法：先将青菜叶切碎、剁烂，用纱布挤汁25克备用。豆腐去皮拍成细泥和青菜拌匀。另将鱼糜加水100克，盐、味精、料酒适量拌匀倒豆腐中，将鸡蛋清打成泡沫并用湿淀粉拌匀，也倒入豆腐中，制成豆腐茸。取小酒盅12只，每只酒盅内壁涂上猪油，倒入半盅豆腐茸，用速冻甜豌豆作"莲子"嵌在豆腐茸上，用笼蒸约5分钟后取出，即成"莲蓬"备用。鲜莼菜经清水漂洗沥干后放入沸水中烫

一下,待莼菜转成绿色时用漏勺捞起,放入凉水中冷却后备用。将鸡丝、火腿丝和莼菜倒入肉汤料中加盐煮开,放入味精后盛入碗中,每碗放1只"莲蓬"即成。

三、菱

1. 菱肉素什锦

主料:鲜菱肉100克,鲜芡米50克,西洋芹100克,速冻甜玉米50克,兰州百合干50克。

辅料:色拉油50克,精盐、白糖、味精、葱、姜、鲜汤料等适量。

制作方法:先将鲜菱肉放入沸水中烫漂后剥去膜(衣),并切成薄片;西洋芹清洗后切斜片;兰州百合干用清水浸泡发开;速冻甜玉米化冻后备用。起油锅放入葱、姜,再倒入菱肉、西洋芹和百合片煸炒,至六成熟时再倒入芡米和甜玉米同炒,最后加盐、味精和汤料,调味后起锅装盘即可。

2. 菱肉炒里脊

主料:鲜菱肉200克,鲜猪里脊肉150克,鸡蛋清1只。

辅料:色拉油60克,料酒、精盐、酱油、葱、姜、湿淀粉适量。

制作方法:先将鲜菱肉放入沸水中烫漂后剥去膜(衣),并切成薄片;肉切成长3.5厘米、宽2.5厘米、厚0.3厘米左右的薄片,将蛋清、盐、酒、湿淀粉搅匀后给肉片上浆。炒锅置旺火上,加入色拉油烧至四成热,放入里脊片,炒至八成熟盛起,另起火烧至七成热倒入菱肉和里脊肉,并加酱油、味精和汤料,煮开后用湿淀粉勾芡,撒上香葱,翻炒装盘即可。

3. 乌菱红烧肉

主料:老熟乌菱肉200克,鲜猪腿肉200克。

辅料:色拉油30克,料酒、精盐、葱姜、酱油、白糖、味精、鲜汤料适量,花椒、八角少许。

制作方法：菱肉洗净切块备用；猪肉洗净切成小块沸水焯熟后备用；起油锅放入白糖少许炒至起泡沫，放入猪肉炒3分钟左右，使着色均匀，放料酒、葱、姜、花椒、八角盖锅盖焖煮，再放入酱油、汤料（浸泡猪肉块）置旺火煮沸，然后放入菱肉及盐再煮沸，然后改文火焖煮至肉烂，最后加入白糖和味精，入味后起锅装盘。

4. 菱茎炒肉丝

主料：新鲜嫩菱茎200克，鲜猪腿肉150克。

辅料：色拉油50克，料酒、精盐、味精、酱油、葱、姜、湿淀粉适量。

制作方法：新鲜嫩菱茎拉去毛根，洗净，切寸段用沸水烫一下，待嫩茎转成绿色时用漏勺捞起，放入冷水中冷却后备用。鲜猪腿肉洗净切丝，用湿淀粉拌匀。起油锅加葱、姜，四成热时倒入肉片，煸炒至八成熟时盛起。另起油锅至六成热时，倒入菱茎嫩段，略炒后加入肉丝、料酒、盐、味精、酱油等调料，入味后起锅装盘。

5. 焐熟老菱

主料：老熟菱500克。

制作方法：将老菱洗净置锅中，加水将菱浸没，盖上锅盖，约煮半小时，至水将干时将菱捞出，水沥干，用刀将菱从中间劈开，取出两瓣菱肉装盘即可，也可刀劈后直接装盘自行剥食。

6. 菱粉塌饼

主料：菱粉350克，鸡蛋4只。

辅料：色拉油150克，白糖200克，精盐、味精、蜜饯、麻油等适量。

制作方法：先取菱粉200克，磕入鸡蛋2只，加白糖100克及味精、盐和麻油少量，用清水150克稀释成菱粉糊。再在铁锅中放入25克清水，烧开后将锅离开火头，倒入菱粉糊调匀，再放到火头搅到成熟，倒入涂有生油的盘里，待其冷冻后搓成圆团（表面滚上生粉防粘手）再压扁，表面涂上鸡蛋液，沾上蜜饯粒，备用。铁锅内倒入色拉油旺火烧热，放入菱粉塌饼，炸至金黄色捞出装盘即可。

7. 橙汁桂花凉糕

主料：菱粉250克，鲜橙汁250克。

辅料：熟花生油50克，白糖500克，糖桂花、食用色素、瓜子仁（或松子仁）适量。

制作方法：先在方形盘内薄涂一层熟花生油备用；菱粉用500克清水调开，加入鲜橙汁、食用色素和糖桂花，搅拌成菱粉水备用。再把铁锅洗净，放入清水1000克、白糖500克，煮沸后将锅拉离火头，将菱粉水倒入，再将铁锅放回火头，用勺迅速搅匀，待搅至粉糊成熟时，再加入熟花生油搅匀，并趁热倒入方盘内，面上撒上瓜子仁，待其凉后切成菱形块上盘即可。

8. 薏米菱角粥

主料：鲜菱角100克，糯米250克，薏米50克。

辅料：白糖适量。

制作方法：先将糯米、薏米淘洗干净；菱角去掉外壳及内膜，用刀切成细粒。再将糯米、薏米、菱角粒一起放入锅内，加入适量清水，置旺火上烧开，改用小火熬煮，至糯米、薏米熟软糯滑呈粥状时盛入碗中，加入白糖即成。

四、茭白

1. 油焖茭白

主料：茭白肉350克。

辅料：色拉油 50 克，麻油 1 克，酱油 50 克，白糖 20 克，味精、鲜汤料少量。

制作方法：茭白肉切成滚刀块。用旺火将色拉油烧至六成热，放入茭白翻炒，再放酱油、白糖，汤料以淹没茭白为度，汁沸后用中火烧 5 分钟，加味精、卤汁收干，淋上麻油起锅装盘即可。

2. 凉拌茭白

主料：嫩茭白肉 350 克。

辅料：精盐、酱油、葱、麻油、白糖、味精适量。

制作方法：将茭白肉整条水煮，熟后捞起，沥水，将茭白纵向撕成条，加入各种调料拌匀即可装盘。

3. 香糟茭白

主料：茭白肉 500 克，香糟 100 克。

辅料：精盐 5 克，糖 15 克，味精 2 克，料酒 25 克，姜片 10 克，花椒 5 克。

制作方法：将茭白肉切成长 4~5 厘米、粗 0.5 厘米的条，投入开水锅中焯至断生，捞出控水。锅置火上，放入料酒、盐、白糖、味精、姜片、花椒和适量水，烧开后，离火冷却放入香糟拌匀，一起装入置于洁净盆中的布袋内，用线绳扎紧袋口，然后把卤汁挤入盆中。另用一锅，置于火上，放油烧至七成热，再放入焯过的茭白炒几下，一见成熟即盛出放入香糟卤汁盆内，再把香糟袋放在上面，加盖，浸渍腌制 2 小时以上，待糟卤渗入茭肉后即可食用。

4. 茭白素什锦

主料：茭白肉 200 克，水发香菇 80 克，金针菜 50 克，油面筋 20 克。

辅料：色拉油 50 克，精盐、酱油、葱、白糖、味精、鲜汤料适量。

制作方法：将白肉和水发香菇切丝；金针菜去头撕成丝，切断；油面筋切成 2~3 块。用旺火将色拉油烧至六成热，放入葱、茭白、香菇、金针菜煸炒，至八成熟时，加入油面筋及调料和汤料，入味后起锅装盘即可。

5. 茭白肉丝

主料：茭白肉 250 克，鲜猪腿肉 100 克。

辅料：色拉油 50 克，酱油 20 克，白糖 20 克，料酒、精、盐、葱、姜末、鲜汤料、味精和湿淀粉适量。

制作方法：茭白肉、鲜猪腿肉均切成丝，将猪肉丝拌淀粉，起油锅将猪肉丝炒到八成熟时盛起；另起油锅烧至六成热时，放入茭白丝翻炒，待八成熟后倒入猪肉丝，加上盐、酱油、白糖及其他调料，待茭白丝和肉丝入味后起锅装盘即可。

6. 茭白三丁

主料：茭白肉 150 克，鲜猪腿肉 100 克，毛豆仁 100 克。

辅料：色拉油 50 克，精盐、白糖、味精、葱、湿淀粉、鲜汤料适量。

制作方法：茭白肉、鲜猪腿肉均切成丁，将猪肉丁拌湿淀粉，在油锅内炒到八成熟盛起；另起油锅烧至六成热时，倒入毛豆和茭白丁翻炒，待八成熟后倒入猪肉丁、加入调料翻炒，入味后起锅装盘即可。

7. 茭白炒猪肝

主料：茭白肉 200 克，猪肝 150 克。

辅料：色拉油 70 克，精盐、酱油、白糖、料酒、葱、姜、味精、湿淀粉适量。

制作方法：茭白和猪肝切片。先用热油炒猪肝，加料酒、葱、姜、湿淀粉、酱油炒至熟后盛出；另起油锅煸炒茭白片至八成熟时加盐，倒入猪肝同炒，再加白糖、味精翻炒，入味后起锅装盘即可。

8. 茭白烧鸡块

主料：茭白肉 200 克，草鸡 150 克。

辅料：色拉油 50 克，精盐、酱油、白糖、料酒、葱、姜、味精适量。

制作方法：茭白肉切成滚刀块；草鸡切块。先将鸡块用沸水加葱、姜煮熟，捞起沥干，锅至六成热时倒入茭白块和鸡块翻炒，并加入料酒、盐、酱油和鸡汤同煮，起锅前再加白糖和味精，入味后装盘。

9. 茭白肉夹

主料：粗茭白肉200克，鲜猪腿肉150克。

辅料：色拉油、料酒、精盐、酱油、白糖、葱、姜、麻油、味精、面粉、糯米粉适量。

制作方法：先将鲜猪腿肉剁成肉酱加油炒熟，加入葱、姜、料酒、麻油、盐、酱油、味精和少量糯米粉，充分拌匀待用；另将茭白肉斜切成1~1.5厘米厚的片，并在每片中央切开、基部相连而成夹，外用盐擦抹，夹中抹湿淀粉，再将肉酱塞在茭白夹里，外面再滚一层粉糊，放入油锅中炸至嫩黄色，起锅沥油上盘。

10. 茭白三丝汤

主料：茭白肉150克，鸡肉100克，火腿100克，小青菜（或鸡毛菜）50克。

辅料：料酒、精盐、味精、葱、姜、鲜汤料、麻油适量。

制作方法：茭白肉和火腿切丝，熟鸡肉撕成丝加入鲜汤料中与茭白丝、火腿丝同煮，开锅后加入料酒、姜、盐和小青菜再煮，待青菜煮熟后加几滴麻油即可盛出装汤碗。

五、莲藕

1. 糖醋藕片

主料：鲜嫩藕段350克。

辅料：白糖100克，香醋100克。

制作方法：将鲜藕段洗净，去皮、去节，斜切成0.3~0.4厘米厚的薄片，放入沸水中烫一下后捞出沥干,再加白糖、香醋拌匀、腌渍,直接装盘即可。也可以用白糖、香醋兑水浸泡 2~3 小时后捞出装盘。

2. 软炸藕片

主料:鲜嫩藕段 500 克,鸡蛋 2 只。

辅料:色拉油、精盐、味精、面粉、湿淀粉、花椒盐各适量。

制作方法:将鲜藕段去皮、洗净,切成 0.5 厘米厚的片,放入沸水中略烫后捞出,再放冷水中过凉,控水后放大碗中,加少量精盐、味精略腌,控去多余汁水,加少许面粉拌匀;碗内打入鸡蛋,用筷子搅散,放入精盐、味精、面粉、湿淀粉调成糊;炒锅上火放油烧至五成热,将藕片挂匀糊后入油中炸至淡黄色时捞出,待油温升至六成热时放入藕片复炸,然后捞出控油,装盘,上桌时配花椒盐即可。

3. 拔丝莲藕

主料:鲜嫩藕段 300 克,白糖 100 克。

辅料:色拉油、麻油、淀粉、芝麻适量。

制作方法:鲜嫩藕段去皮、洗净,用刀切成 3.3 厘米滚刀小块,沾上一层淀粉放入碗内,再将淀粉用适量水调成稀糊,倒在鲜藕上拌匀;炒锅内放油烧至七成热,逐块放入鲜莲藕,炸至金黄色时捞出控干油。炒锅上微火,放入麻油,油稍热即放白糖,用手勺搅拌,等糖汁呈金黄色时,倒入炸好的莲藕片并快速翻炒,使糖均匀裹在藕片上,然后倒入涂有麻油的盘内,撒上芝麻即成。

4. 炒藕丝

主料:鲜嫩藕段 250 克,鲜猪腿肉 100 克。

辅料:色拉油 50 克,精盐、葱、姜末、白糖、味精、湿淀粉、鲜汤料适量。

制作方法:鲜嫩藕段先切成斜片,再切成丝;鲜猪腿肉亦切成丝,将猪肉丝拌淀粉,用油锅炒到八成熟盛起;另起油锅烧至六成热时倒入藕丝翻炒,待熟后倒入猪肉丝,并加盐、白糖及其他调料,待藕丝、肉丝入味后勾芡,起锅装盘即可。

5. 鲜肉藕丸

主料:老熟藕段500克,鲜猪腿肉150克。

辅料:色拉油、精盐、酱油、葱、姜、味精、料酒、白糖、麻油、面粉适量。

制作方法:先将鲜猪腿肉剁成肉酱;将老熟藕段去皮、去节剁成藕泥,并挤去水分,充分混合并添加料酒、盐、葱、姜、酱油、白糖、味精、麻油等调料,另加适量面粉做成丸子,入油锅炸至黄色,捞起装盘即可。

6. 酥炸藕夹

主料:老熟藕段200克,鲜猪腿肉150克。

辅料:色拉油、料酒、精盐、酱油、白糖、葱、姜、麻油、味精、面粉适量。

制作方法:先将鲜猪腿肉剁成茸,加入葱、姜、料酒、麻油、盐、酱油、味精,充分拌匀成馅待用。另将藕段斜切成厚1.5厘米的片,并在每片中央剖开,基部相连而成夹,外用盐抹擦,夹中抹湿淀粉,再将肉馅塞入藕夹内,外滚一层面粉糊放入七成热油锅中炸至淡黄色起锅,待油温再度升高后,再次放入藕夹,复炸至金黄色捞起,沥油后装盘即可。

7. 荷叶粉蒸肉

主料:新鲜荷叶(或干荷叶)2张,鲜猪肉(肋条肉或腿肉)400克,粳米、籼米各50克。

辅料:葱姜丝、甜酱、料酒、酱油、白糖适量,山柰、桂皮、八角、丁香等香料各少许。

制作方法:米淘净沥干,与山柰等香料一起放入铁锅内,小火炒黄,冷后磨成粗粉。猪肉洗净后切块,加甜酱、酱油、白糖、料酒、葱、姜丝等腌1小时,加米粉拌匀;荷叶用沸水烫一下,各切成4小片,每片包肉1块,上笼蒸2小时即成。

8. 焐熟藕

主料：老熟藕段 1 节（500 克），糯米 150 克。

辅料：白糖 200 克，糖桂花 10 克，蜂蜜 100 克。

制作方法：将老熟藕段（两头各保留半个藕节）洗净，并在藕段一端出口处（离节 5 厘米左右）切开备用。糯米浸泡 3~4 小时后捞起晾干，并将其灌满藕孔，再用竹签将两段藕连接，藕孔相对，盖紧。然后放入沸水中旺火煮熟，再用文火焐烂，烧好后将藕捞出，放入凉开水中浸泡 2 分钟，撕去藕皮，切去藕节，切成 0.5 厘米左右厚的薄片，摊排在盘里。另起锅将白糖 100 克和蜂蜜、糖桂花熬成汁，浇在藕片上即成。

9. 藕粉圆子

主料：藕粉。

辅料：芝麻（豆沙）、熟猪油、白糖等适量。

制作方法：先将芝麻、白糖、熟猪油做成芝麻馅，将豆沙、熟猪油、白糖做成豆沙馅，搓成小丸子，放到细藕粉中筛滚，使丸子表面滚上一层藕粉，然后上笼稍蒸，使藕粉黏牢而潮湿，再放到细藕粉中筛滚，再上蒸笼，如此连续 3 次，使馅外滚有较多藕粉。然后将藕粉圆子放入沸水中煮开，捞入碗中，加上糖汤和糖桂花即成。此外，也可将米粉做成小丸子，煮熟后加入冲泡好的藕粉中，加上白糖和糖桂花即成。

10. 八宝莲子羹

主料：通心莲 100 克。

辅料：银耳 30 克，红枣 30 克，桂圆肉 20 克，薏仁米 20 克，冰糖 150 克，糖桂花 2 克。

制作方法：先将通心莲加水浸泡，然后上笼蒸烂，桂圆肉洗净泡开，然后将莲子及其辅料 2 克加水 600 克和冰糖一起煮熟，最后加上糖桂花盛入汤碗中即可。

11. 煨汤藕

主料：老熟藕段 250 克，小排骨 250 克。

辅料：料酒、精盐、葱、姜、味精等适量。

制作方法：将老熟藕切成块，与切好的小排骨加水同煮，开锅后撇去浮沫，再加各种调料，用文火煨烂，最后加入味精调味即成。

12. 黑豆莲藕乳鸽汤

主料：黑豆 100 克，莲藕 500 克，乳鸽 1 只。

辅料：陈皮 1 块，红枣 4 枚，精盐适量。

制作方法：将黑豆放入铁锅中干炒至豆衣裂开，再用清水洗净，晾干备用；乳鸽宰杀后去毛和内脏，洗净备用；莲藕洗净切块，红枣去核，陈皮洗净后备用。汤锅上火加清水适量，开锅后放黑豆、莲藕、乳鸽、红枣和陈皮，改用中火炖约 3 小时，再加精盐调味即成。

13. 荷叶饭

主料：粳米 500 克，猪瘦肉 150 克，叉烧肉 75 克，鸭肉 75 克，鲜虾仁 100 克，熟虾仁 75 克，蟹肉 50 克，鸡蛋皮 75 克，水发香菇 50 克，鲜荷叶 2 张。

辅料：熟猪油 80 克，蚝油 30 克，香油 15 克，酱油 50 克，盐 10 克，糖 15 克，料酒 30 克，湿淀粉 30 克，味精 2 克，鲜汤适量，水 500~700 克。

制作方法：粳米淘洗干净；叉烧肉、熟鸭肉、熟虾仁分别切成小粒；香菇去蒂洗净，切成小丁；猪肉洗净并切成小丁，与鲜虾仁分别放入碗内，加少许湿淀粉、料酒，抓匀上浆；鸡蛋皮切成小块。锅置火上，放入熟猪油 50 克烧至六成热，放浆好的肉丁、鲜虾仁炒匀，烹料酒，再放入香菇丁、部分酱油及糖、蚝油、味精和适量鲜汤烧开，用湿淀粉勾芡，盛入碗内，倒入切碎的叉烧肉、熟鸭肉、熟虾仁、

鸡蛋皮，淋香油拌成馅料。粳米放入盆中，加水及余下的熟猪油，放入笼屉，用旺火沸水足气蒸 30 分钟，至饭熟取出。把米饭拨散、晾凉，再把余下的各种调料倒入拌匀。将米饭、馅料、蟹肉放在一起拌匀（或将馅料、蟹肉放在米上），放在洗净切开的荷叶上，折叠成包袱形放入笼屉内，架在锅上，用旺火沸水蒸足 6~8 分钟，迅速下屉取出即成。

六、荸荠

1. 荸荠炒素

主料：荸荠 200 克，菜心 100 克，香菇 50 克。

辅料：色拉油 50 克，精盐、白糖、味精等适量。

制作方法：将荸荠洗净、去皮，切成片；菜心纵切成 2~4 瓣；香菇去柄，切块；起油锅烧至六成热，将荸荠、菜心、香菇同炒，放进盐及白糖、味精等调料，入味后起锅装盘即可。

2. 茄汁荸荠片

主料：荸荠 250 克。

辅料：香菜 30 克，花生油 40 克，番茄酱 40 克，盐 2 克，白糖 25 克，料酒 10 克，湿淀粉 15 克，香油 10 克，鲜汤少许。

制作方法：将荸荠削去皮洗净，横切成小圆片放入沸水中焯至断生，捞出沥水；香菜洗干净，用水冲洗几次，切成短段；锅置火上，油烧至六七成热放入番茄酱炒散，炒出红油后，再放入荸荠片煸炒几下，随即加入料酒、盐、白糖和少许鲜汤汁烧开，用湿淀粉勾芡，待芡汁转浓并裹匀荸荠片后，淋上香油推匀，出锅盛入盘中间，四周放香菜段即成。

3. 荸荠炒肉片

主料：荸荠200克，鲜猪腿肉150克。

辅料：色拉油50克，料酒、精盐、葱、姜、白糖、味精、湿淀粉等适量。

制作方法：将荸荠洗净、去皮，切成片；将猪肉切片拌淀粉，上油锅炒至八成熟盛起。另起油锅，烧至六成热时，倒入荸荠片翻炒，待八成熟后倒入猪肉片，再加上盐、白糖及其他调味料后起锅装盘即可。

4. 炸荸荠丸子

主料：荸荠500克。

辅料：色拉油50克，精盐、姜末、豆粉适量。

制作方法：将荸荠去皮洗净，煮熟后捣烂成泥状，加精盐、姜末、豆粉挤成丸子，放入油锅，在旺火上炸透，捞起滤油装盘即可。

5. 荸荠凉糕

主料：荸荠粉250克。

辅料主料：荸荠500克，熟花生油50克，白糖500克，瓜子仁（或松子仁）、食用色素适量，香精数滴。

制作方法：先在方形盘内薄涂一层熟花生油备用；荸荠粉用500克清水调开，加入食用色素和香精备用。再把铁锅洗净，放入清水1000克、白糖500克煮沸，把锅拉离火位，将荸荠粉水冲入，再放回炉火上用铁勺迅速搅匀，待搅至粉糊熟时，再加入熟花生油搅匀并趁热倒入方盘中，面上撒上瓜子仁，凉后切成菱形块上盘即可。

6. 桂花荸荠饼

主料：荸荠500克，枣泥馅150克，面粉50克。

辅料：湿淀粉15克，花生油1000克，白糖200克，糖桂花少量。

制作方法:将荸荠洗净,用刀拍碎,剁成细末状,用纱布包好,挤出汁水,放入面粉拌匀,加水和成饼面。将饼面分成16份,填入枣泥馅,制成16个丸子。锅置火上,加入花生油,待油烧至七成热时,放入丸子炸至金黄色捞出。锅留底油,放入糖桂花、白糖、清水100毫升,熬稠汁后放入炸好的丸子稍焖,水淀粉勾芡,以手铲按压丸子成饼状,收汁后装盘。

7. 马蹄水果羹

主料:荸荠200克,糖水橘子、菠萝、生梨等水果200克。

辅料:白糖100克,红绿丝、薄荷香精、瓜子仁、糖桂花、湿淀粉适量。

制作方法:荸荠去皮切成粒;菠萝、生梨也切成粒。先将清水放入锅内,旺火烧开,加入荸荠、水果粒及白糖、瓜子仁、红绿丝、糖桂花和香精数滴,后倒入水淀粉摊匀成薄芡,出锅装碗即可。

七、慈姑

1. 慈姑炒素

主料:慈姑100克,胡萝卜100克,黑木耳30克,金针菜30克,香干2块,油面筋8只,青菜心50克。

辅料:色拉油50克,料酒、精盐、白糖、葱、姜(或大蒜)、味精、鲜汤料适量。

制作方法:先将慈姑洗净切片;胡萝卜、香干切丝;黑木耳、金针菜水发去头,撕开切成两段;青菜心洗净纵切成2~4瓣;油面筋切成2~3块备用。起油锅,六成热时倒入慈姑片、胡萝卜丝和香干丝翻炒,加盐和汤料,稍煮后起锅。另起油锅将金针菜和青菜心煸炒,并加入黑木耳、油面筋翻炒,加盐和汤料煮沸后倒入慈姑片等,加葱、姜、白糖和味精搅拌入味后起锅上盘即可。

2. 慈姑炒肉片

主料：慈姑 200 克，鲜猪腿肉 200 克。

辅料：色拉油 50 克，料酒、精盐、葱、姜、白糖、湿淀粉、味精适量。

制作方法：慈姑洗净切片；猪肉洗净切片加料酒、盐拌腌 10 分钟，再加湿淀粉拌匀。起油锅至六成热时倒入猪肉，煸炒至八成熟时盛起。另起油锅，将慈姑片放在旺火上炒，并倒入猪肉片加盐，再加料酒、味精、白糖和汤料同炒至熟，入味后起锅装盘。

3. 慈姑红烧肉

主料：慈姑 200 克，鲜猪腿肉 200 克。

辅料：色拉油 30 克，料酒、精盐、葱、姜、酱油、白糖、鲜汤料、味精适量，花椒和八角少许。

制作方法：慈姑洗净切成滚刀块；猪肉洗净切成小块，沸水焯熟备用。起油锅放入白糖少许，翻炒起泡沫后放入猪肉炒 3 分钟左右，待着色均匀，放料酒、葱、花椒、八角、酱油和汤料（浸没猪肉块），在旺火上煮沸后，放入慈姑块及盐，再沸后改文火将肉和慈姑焖烂，最后加入少许白糖、味精，入味后起锅装盘。

4. 慈姑肉圆

主料：慈姑 150 克，鲜猪腿肉 150 克，香肠 50 克，鸡蛋 1 只，面粉适量。

辅料：色拉油 50 克，料酒、精盐、葱、姜、味精、白糖等适量。

制作方法：慈姑洗净切成小丁，鲜猪肉剁成茸，香肠切成末，将前面三种主料与面粉糊及料酒、盐等各种辅料拌和，做成小丸子。起油锅将丸子炸熟，待面呈金黄色时起锅装盘即成。亦可再加酱油等调料做成红烧丸子。

5. 慈姑白蹄汤

主料：慈姑 500 克，白猪蹄 1 只。

辅料：料酒、精盐、味精、葱、姜适量。

制作方法：先将白蹄加水煮熟，撇除油污杂物，加料酒、姜片、葱烧至半熟，再将切成滚刀块的慈姑倒入锅内同煮，待肉烂、慈姑酥时加入适量盐、味精即成。

八、水芹

1. 香干芹菜

主料：水芹菜 500 克，香干 150 克。

辅料：精盐、味精、酱油、白糖、麻油适量。

制作方法：先将水芹菜去根洗净，沸水烫熟，捞出挤干水，切成段；香干切成丝。两者混合后加入辅料，拌匀装盘即可。

2. 芹菜炒素

主料：水芹菜 200 克，香干 100 克，绿豆芽 50 克，香菇 50 克。

辅料：色拉油 50 克，精盐、味精、白糖、酱油、葱、姜等适量。

制作方法：先将水芹菜去根洗净，切段；香干切丝，绿豆芽去根；香菇水发切丝备用。起油锅，加葱、姜并倒入香干和香菇翻炒至六成熟，再加入经沸水烫至六成熟的水芹菜和绿豆芽同炒至熟，加入盐、味精、白糖及少量酱油调味，最后起锅装盘即可。

3. 芹菜炒肉片

主料：水芹菜 500 克，鲜猪腿肉 150 克。

辅料：色拉油 50 克，料酒、精盐、白糖、酱油、味精、葱、姜、湿淀粉适量。

制作方法：水芹菜洗净去根，沸水烫至六成熟时捞出挤干，切段；猪肉切丝加料酒、盐、淀粉拌匀。起油锅加葱姜，将肉丝炒至八成熟，起锅备用。另起油锅倒入芹菜略翻炒，加盐后倒入猪肉丝同炒，待熟后加白糖、味精调味，入味后起锅装盘即可。

后记

2021年恰逢"十四五"开局之年,"乡村振兴 品牌强农"系列丛书第二部《苏州水八仙良作良方》终于和大家见面了。

2019年,第一部《苏州大米良作良方》出版。它较为系统全面地总结了苏州现代农业大米产业的实践与探索,分享了苏州区域公用品牌建设之初的经验与启示,得到了大家的一致认可。同时,"苏州水八仙"区域公用品牌经过一年多时间的打造,其影响力得到了有效提升,形象与品牌也逐渐为大家所熟知和喜爱。本书集合了"苏州水八仙"的许多知识,更体现了我们对品牌农业的初心和使命。

《苏州水八仙良作良方》是由苏州市农业农村局历时两年编写完成的。在编写过程中得到了苏州市委、市政府的关心和支持,市农业农村局对本书的编写十分重视,组成了专门的编委会确定专著的总体思路、篇章架构、主要内容、章节提纲。参加本书文稿写作的李庆魁、鲍忠洲、王芳、张凤雷等同志,克服了编写工作与日常工作的矛盾,很多同志放弃正常的节假日休息,数易其稿,确保了编写任务的按期完成。秦伟同志对专著进行了统稿、终审,张翔同志进行了全稿的技术校对。苏州市农业农村局的各处(室)和事业单位以及苏州市各市、区农业行政部门等单位为专著提供了丰富的典型材料,苏州市市场监督管理局给予了帮助和支持,在此一并表示衷心的感谢。

  在本书写作过程中，写作人员参考和引用了相关文献资料，吸取了专家和学者的部分思想观点，未能在书中逐一注明，敬请谅解，并向他们表示诚挚的谢意。农产品区域公用品牌建设是一个十分复杂的过程，各种因素包括人文因素往往交织在一起，许多方面尚在探索中，虽然我们在审稿中尽力做了协调统稿工作，疏漏之处恐仍难免。同时，农业技术发展日新月异，"苏州水八仙"生产上的新品种、新技术、新模式总结不全，欢迎广大读者批评指正。

  苏州大学出版社为本书的出版提供了大力支持，编辑、校对等同志辛勤工作，在最短的时间里完成了书稿的编排和出版工作，在此表示衷心的感谢。

本书编委会
2021 年 2 月

图书在版编目（CIP）数据

苏州水八仙良作良方 / 秦伟，陆志荣主编. —苏州：苏州大学出版社，2021.8

（"乡村振兴　品牌强农"丛书）

ISBN 978-7-5672-3650-9

Ⅰ.①苏… Ⅱ.①秦… ②陆… Ⅲ.①水生蔬菜—介绍—苏州 Ⅳ.①S645

中国版本图书馆CIP数据核字（2021）第142064号

书　　名：	苏州水八仙良作良方
主　　编：	秦　伟　陆志荣
策　　划：	刘　海
责任编辑：	刘　海
装帧设计：	吴　钰
出版发行：	苏州大学出版社（Soochow University Press）
出 品 人：	盛惠良
社　　址：	苏州市十梓街1号　邮编：215006
印　　刷：	苏州工业园区美柯乐制版印务有限责任公司印装
网　　址：	www.sudapress.com
E - mail：	Liuwang@suda.edu.cn　　QQ：64826224
邮　　箱：	sdcbs@suda.edu.cn
邮购热线：	0512-67480030
销售热线：	0512-67481020
开　　本：	987 mm×1 092 mm　1/16　印张：13　字数：173千
版　　次：	2021年8月第1版
印　　次：	2021年8月第1次印刷
书　　号：	ISBN 978-7-5672-3650-9
定　　价：	68.00元

凡购本社图书发现印装错误，请与本社联系调换。服务热线：0512-67481020